AF396521

# ADRIEN REMACLE

## Les
# Aéronefs sans Chutes

NOUVEAUX APPAREILS D'AVIATION ORTHO-
GONAUX SÛREMENT PROPRES A RÉALISER
LES VOYAGES PAR AIR PUBLICS, SANS PÉRIL

**(MODÈLE 4)**

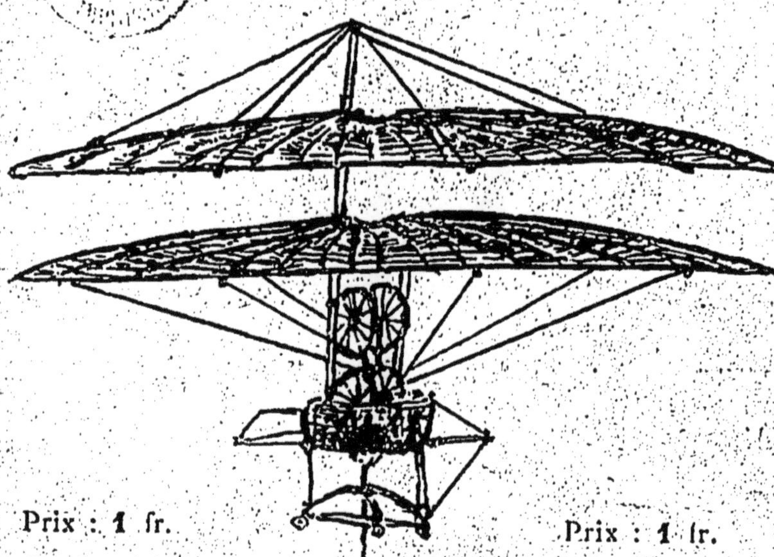

Prix : **1** fr.                    Prix : **1** fr.

PARIS
LIBRAIRIE DES SCIENCES AÉRONAUT
F. LOUIS VIVIEN, ÉDITEU
48, RUE DES ÉCOLES

Les

# Aéronefs sans Chutes

ADRIEN REMACLE

## Les
# Aéronefs sans Chutes

NOUVEAUX APPAREILS D'AVIATION ORTHO-
GONAUX SÛREMENT PROPRES A RÉALISER
LES VOYAGES PAR AIR PUBLICS, SANS PÉRIL

**(MODÈLE 4)**

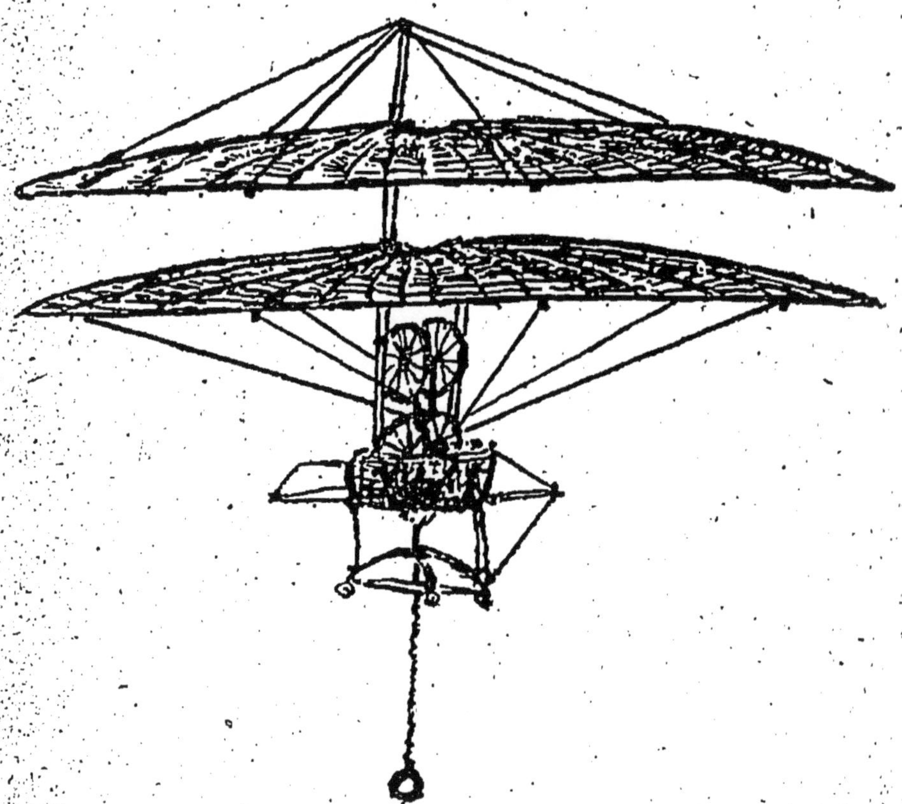

PARIS

LIBRAIRIE DES SCIENCES AÉRONAUTIQUES

F. LOUIS VIVIEN, ÉDITEUR

48, RUE DES ÉCOLES

# TABLE DES MATIÈRES

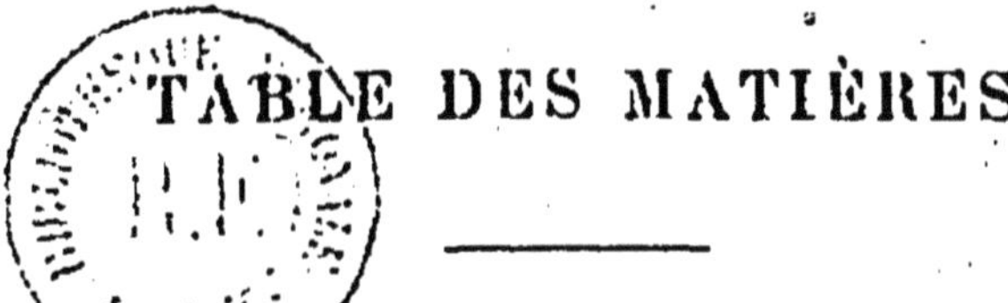

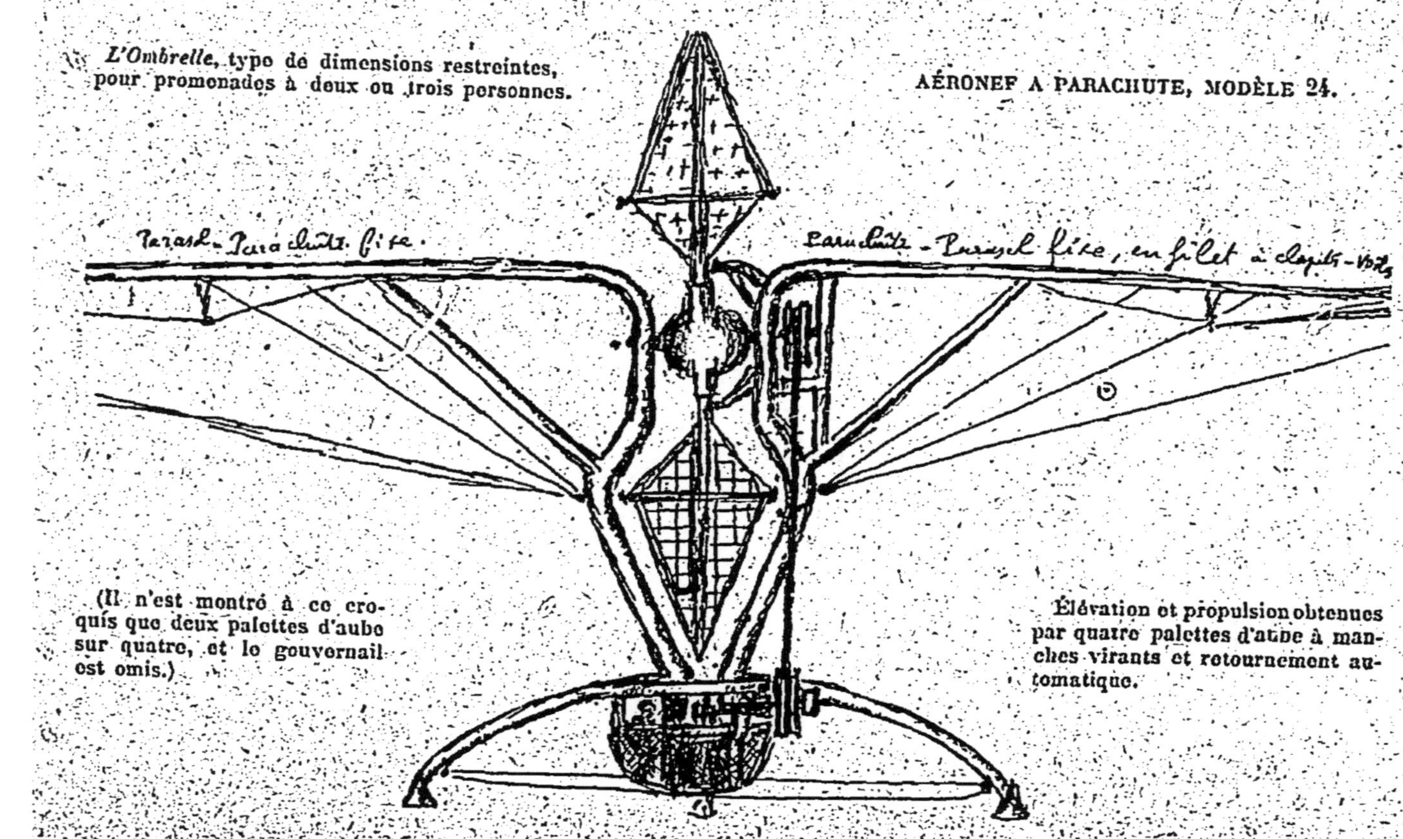

L'Ombrelle, type de dimensions restreintes, pour promenades à deux ou trois personnes.
AÉRONEF A PARACHUTE, MODÈLE 24.
(Il n'est montré à ce croquis que deux palettes d'aube sur quatre, et le gouvernail est omis.)
Élévation et propulsion obtenues par quatre palettes d'aube à manches virants et retournement automatique.

# AÉRONEFS A PARACHUTES

## I

### Avant-propos

Nous tentons ici, une fois de plus, d'élever la
voix, de nous faire entendre de quelques-uns, ou
de quelqu'un, de l'unique lecteur que rêvait Mon-
taigne. Nous faisons cette tentative alors que toute
voix actuellement et même toute clameur se perd
au milieu de la tourmente d'une civilisation vieillie,
grouillante, où dans les âmes tend à surnager
seule la doctrine de l'intérêt, et où les esprits
encombrés de notions d'histoire, savants et ignorants, blasés de merveilles scientifiques, sont rem-
plis d'indifférence même à l'égard de leur intérêt.
Essayons pourtant.

Nous nous trouvons dans une situation singu-
lière, peut-être unique : à la fois homme de lettres
et mécanicien depuis près de quarante ans, mécanicien de principe et d'application, même de travail
manuel en notre privé, nous avons, entre autres
machines, découvert l'aéroplane monoplan et le

biplan en 1886-87; auteur de l'aéroplane, cette magnifique et décevante inutilité, nous avons poursuivi nos travaux et, vers 1897, naquirent en notre cerveau les *aéronefs à parachutes*, c'est-à-dire l'aviation en sécurité, l'aviation publique et universelle, demain, quoi qu'il arrive; nous avons dressé vingt-huit modèles différents de ces aéronefs sans chute, lancé quelques-uns en appareils réduits construits de nos mains; nous nous sommes évertué afin d'obtenir que l'un de nos innombrables gouvernements veuille bien s'occuper de l'aviation immunisée du danger, ou que quelque société, quelque particulier fît construire à titre d'essai l'un de nos appareils; nous avons été jusqu'à publier, dans une grande Revue Parisienne, dont le directeur nous a accueilli, comprenant, un article où nous donnons, sans réserve d'aucun intérêt matériel, la description et les principes généraux de l'aviation par aéronefs sans chute (nous fîmes cela afin de tenter de mettre fin au massacre des aviateurs de l'aéroplane, à la déjà trop longue et lugubre procession de cadavres) et depuis neuf ou dix ans que nous soutenons cet effort de lutte, nous n'obtînmes rien, pas un essai, pas la construction de l'un de nos parachutes volants?...

Ce résultat négatif, comble d'inconséquence en un temps où l'on s'affole d'aviation, y jetant des millions, où l'on pleure chaque jour dans le public et dans ses feuilles sur des trépas d'aviateurs, réclamant à grands cris un moyen de parer aux effrayants dangers de l'aviation, ce résultat nul est d'autant plus surprenant que nous ne sommes pas un isolé et que, tenant une plume, ayant beaucoup publié, dirigé même journaux, revues, nous avons gardé des relations amies qui s'entremirent. Des députés sont intervenus, sans se faire écouter.

Et nous restons devant notre table couverte de plans de machines qui procurent l'immunité à l'aviation, assistant de loin aux triomphes de ces aéroplanes, notre œuvre repoussée par nous avec horreur, lisant le compte-rendu journalier des écrasements d'aviateurs célèbres ou non, des Rols, des Védrines, de nombreux jeunes officiers, même de ministres français, nous écoutons de loin crier :

« Qui nous donnera le moyen de rendre moins meurtrier ce superbe empire de l'air ? »; et, regardant nos appareils réduits posés sur des tablettes, nous croisons les bras, impuissant.

Essayons encore de lancer ce présent écrit parmi le tumulte de l'incohérence sociale actuelle. Cet écrit-ci restera probablement, encore, inutile, car l'aéroplane, au vol réalisé, hypnotisant, écarte regards et oreilles de toutes autres solutions. L'aéroplane, simple étape de nos travaux, les empêche d'aboutir par l'aéronef à clapets, cet oiseau transposé en absolu, par l'aéronef à parachutes, cette paix du voyage aérien.

Toutefois, avant d'exposer sommairement la théorie et la description de ces aéronefs, notre seconde création en aviation, il nous semble pouvoir être, sinon intéressant, utile de raconter comment nous découvrîmes l'aéroplane, et d'apporter la preuve que nous le possédions avant 1889.

Car l'auteur de l'aéroplane aurait peut-être quelque droit de réclamer un examen sérieux des résultats de ses travaux postérieurs à l'aéroplane... Narrons donc.

Très occupé de diverses solutions mécaniques depuis le jour où, en vue de l'examen d'entrée à l'École de Saint-Cyr, l'on nous mit en mains le premier manuel de mécanique scientifique, le vieux rêve d'Icare nous hanta dès notre jeunesse, comme il a obsédé, depuis l'antique, les générations humaines envieuses de l'oiseau, comme il a préoccupé même un Léonard de Vinci, tant d'autres célèbres et inconnus.

Des années durant, étant chasseur et coureur des champs, nous avons étudié le vol des ailés, insectes et oiseaux divers, nous efforçant de dégager les principes abstraits du fait émerveillant de ce vol opéré par des corps vivants.

Plusieurs fois nous avons tracé le dessin de dispositifs compliqués, de machines voulues volantes dans lesquelles *l'imitation directe* des ailes et des mouvements des volatiles tentaient de réaliser l'élévation dans l'air.

Le raisonnement, la méditation nous firent condamner, abandonner ces essais et toute conception par imitation directe; nos mécanismes ressemblaient à l'œuvre de ce malheureux machiniste de Bruges qui, au jour de l'expérience, se lança et vint s'écraser aux pieds de sa femme, en présence de la foule, sur la place de la cité flamande.

Nous en étions là en 1886 quand le hasard d'une rencontre futile nous fit jaillir au cerveau, brusquement, la notion d'un envol en apparence tout à fait différent de celui de l'oiseau : un gamin, sur l'herbe des fortifications de Paris, s'efforçait, nous passant, d'enlever un misérable cerf-volant de bazar. L'enfant avait mal attaché la ficelle de traction (du gros fil) à son plan de papier en forme d'as de pique; l'un des côtés de l'angle de fil fixé à la tige centrale d'osier était *trop long*, et le plan du cerf-volant, au lieu de se tenir dressé à peu près perpendiculaire sous l'action de l'air, s'inclinait à l'avant presque horizontal, pendant que le gamin courait tirant. Le cerf-volant s'élevait cependant, mais très faiblement : il *planait* dans l'air calme d'ailleurs; et ce plan, ainsi que la petite « queue » faite de chiffons de papiers noués à distance les uns des autres à un bout de fil, traçait dans l'air une courbe voisine de la ligne droite, *restait en l'air* tant que durait la traction.

Tandis que, intervenu, nous rectifiions l'attache du fil, nous pensions, frappé : « Qui empêche de supprimer la ficelle du cerf-volant et d'en remplacer la traction latérale par une hélice tournant au sommet du cerf-volant ainsi horizontalement soutenu par l'air, un moteur logé sur le plan lui-même que le conducteur habiterait? On obtiendrait par ce moyen l'équilibre sur l'air avec propulsion, en vertu des mêmes lois physiques? »

Arrivé à notre atelier et, laissant de côté l'appareil de locomotion terrienne qui nous occupait, nous nous mîmes fiévreusement à l'œuvre. Après plusieurs essais, tâtonnements, et sur des calculs et des réflexions qui nous amenèrent à la forme utile, le premier monoplan (croyons-nous) fut construit.

C'était, telle, la machine dont se servit Blériot, au siècle suivant, pour traverser la Manche. Sauf que cette « libellule » sans tête était en carton, papier, charpente de bois de canne-à-pêche, colle, ligatures, ficelle et hélice de fer-blanc mue par caoutchouc enroulé sur axe en fil de fer. Ni gauchissement, ni faibles déplacements possibles des ailes par traction de la main, puisque nul aviateur sur ce jouet; les ailes, fixes, provisoirement, bien que, en toute évidence, s'imposassent sur l'appareil monté futur, des plans mobiles que l'aviateur devrait pouvoir tringler, baisser et relever quelque peu en vue de conserver l'équilibre lors des virages, par exemple.

Un jour de semaine, nous avons emporté très enveloppée, cette chose troublante que nous appelions alors, non l'aéroplane, mais *la machine volante à plans en équilibre sur l'air et à la traction latérale.* Non loin de notre forge-atelier, bibliothèque en masure, nous allâmes entre Gentilly et l'Hay. Il y avait là des terres labourées, de minces luzernes et point d'habitations; une bizarre solitude à deux pas de Paris. Parvenu à un pli de terrain, menu ravin planté d'arbres rangés en descente vers la Bièvre, nous tendîmes l'engin et nous assez palpitant d'attente, « lâchez tout »...

L'objet s'éleva, fila non en ligne droite : il décrivit une courte spirale et s'alla loger très vite et assez bas dans un peuplier. Nous en retirâmes « l'aéroplane »; nous n'aurions voulu à aucun prix ni le montrer, ni le laisser aux mains de quiconque.

Ce nous fût un moment de joie effervescente. Cette découverte sans précédent, pensions-nous (nous ignorions Hanson), nous fut secrète consolation de notre vie, par ailleurs douloureuse, et cela nous soutint contre le doute de nous-même, sans nous grandement enfler d'orgueil à propos de ce dérivé du cerf-volant. Nous nous fussions estimé nous-même beaucoup plus grand si nous avions écrit un poème de la valeur du *Booz endormi* de *la Légende des Siècles*.

Ce n'en était pas moins un fait énorme, une *légende des siècles* qui prenait la forme de réalisation, un résultat quasi-fantastique : l'homme devenu oiseau, enfin !

Il s'agissait de breveter et de faire construire la machine montable. Nous n'avions pas grande confiance dans les brevets pour sauver du rapt les inventions, et nous nous attendions, certes, à rencontrer, de la part de nos contemporains, et difficultés et atermoiments : nous avions, enfant, été témoin des déboires et refus essuyés par notre ami et quasi parent Jules Maurat[1]. Nous avions

1. Jules Maurat a inventé, durant le siège, la télégraphie optique, que toutes les armées civilisées adoptèrent. Jules Favre reçut en audience Maurat, qui lui demanda une charrette, quelques hommes et un laissez-passer, se faisant fort de mettre la ville bloquée en communication avec la province. Jules Favre haussa les épaules, repoussa la très modeste requête de ce capitaine de garde nationale, pourtant un normalien de la promotion d'About et de Francisque Sarcey et un professeur de physique de Lycée. Après la guerre, l'État-major essaya de frustrer l'inventeur même de la gloire attachée à son nom. Cela ne réussit pas parce que Maurat et Lissajoux avaient fait au lendemain du siège des expériences

la veille jeté plus de cent mille francs à une revue littéraire ; l'argent nous manquait. Nous fûmes sur le point d'aller requérir l'aide de Paul Gigot, notre affectueux cousin tutoyé, ingénieur en chef de la C<sup>ie</sup> du gaz et frère d'Albert, ancien préfet de police. C'était, cet ingénieur, l'homme *sûr*, désigné : Il comprendrait sur l'heure la machine et prendrait brevets à notre nom. Mais, ensuite?

Mécanicien, nous savions qu'aucune machine ne saurait passer du plan, des données écrites, à l'édification topique, sans essais et tâtonnements plus ou moins nombreux. Ce serait coûteux. De plus, notre cousin pousserait-il les choses pour arriver à ce résultat, à peu près inévitable, que nous fussions précipités, mis en bouillie lors des essais? Cette éventualité, nous l'acceptions d'avance, pourvu que notre nom fût conservé. Nous n'eussions cédé à personne l'honneur de faire la première ascension par « plus lourd que l'air ».

Alors, en grande angoisse, nous nous mîmes à nous poser une objection autrement grave : — « Mon Dieu! la machine construite, après?... On ne saurait manquer d'arriver au degré de perfectionnement nécessaire pour prendre vol oblique

absolument concluantes, rendues publiques, entre la coupole du Panthéon et des points culminants quelconques situés à des lieues et non d'avance désignés. Les deux physiciens se « retrouvaient » et mettaient vite en communication. On a décoré Maurat, ce qu'il eût eu comme professeur. Il n'a pas été alloué, croyons-nous, au savant l'ombre d'une indemnité pour remboursement de ses débours. Nous étions donc averti de ce qui attend les inventeurs ; toutefois nous ne prévoyions pas l'effrayant excès de calamités et même de supplices qui nous ont terrassé.

sur ma machine; d'ores et déjà, l'homme est oiseau. Or, une fois mis en possession de cette conquête, jamais on n'y renoncera, et cette machine à équilibre instable constitue le plus délétère poison qui ait jamais mordu l'humanité aux entrailles!.. Ce sera un martyrologe indéfini, des chutes, des massacres, une peste sans fin, une plaie inguérissable, tout cela par ma faute!.. Cette machine à voler ne sera jamais qu'un engin de mort; la moindre inclinaison des plans anormale, l'une des nombreuses ruptures d'équilibre que nous prévoyons nécessaires souvent, entraîne l'écrasement sur le sol, la chute sans ressource. Nul perfectionnement ne fera qu'il ne s'agisse d'un navire aérien sans chaloupe ni bordages, perdu dans les hauteurs, d'un radeau plat que la mer aérienne entourant sombre d'une seconde à l'autre, le naufrage irrémissible! »

Nous nous vîmes le Pandore de la Fable en possession de l'urne funeste, surtout un alchimiste en tête à tête avec une découverte destinée à faire couler des flots de sang.

Ce n'était que trop la vérité. On ne peut ouvrir un journal sans y lire le récit d'une catastrophe d'aviation ou de plusieurs, depuis que les frères Wright, qui réinventèrent l'aéroplane après nous, en ont fait l'essai et l'ont par malheur publié. Depuis qu'on a jeté au monde cette découverte, c'est un impôt de sang régulier. Et, nous le constatons avec tristesse, les victimes que dévore le minotaure aéroplane, ce sont les plus courageux, une élite d'audacieux, les plus vigoureux de notre force vive.

Nous prévoyions même, il faut l'avouer, des catastrophes encore plus nombreuses qu'elles ne le sont; nous imaginions que le public adopterait la machine. Il s'en est bien gardé; seuls tombent, quant à présent, les professionnels, *des habiles*.... Le public ne pratiquera pas ce sport sanglant, un mode de voyage où l'accident, écrasement rythmique, entraîne la mort certaine sans aucune échappatoire.

Le spectacle de la folie des aéroplanes, déchaînée, est d'autant plus douloureux, que l'aéroplane est et demeurera *totalement inutile* à la vie. Il est fertile en usages de mort; il exécutera, après les particuliers, les masses, car la guerre s'en empare. Toutes les patries s'en serviront contre les envahisseurs, et, à l'égal, les envahisseurs : ce sera pluies de sang opposées, et rien de plus qu'un agrandissement des meurtres. L'aéroplane ne nous aura même pas économisé les millions que coûtent les Zeppelin militaires, car, absurdement, les États continuent à construire ces monstres ruineux, alors que, désormais, tout aérostat est à la discrétion du premier aviateur venu qui provoquera à volonté la conflagration du ballon à l'aide d'une balle explosible. Les Zeppelin furent, peut-être, inutiles avant la publication de l'aéroplane : ils le sont certainement aujourd'hui.

L'aéroplane a apporté à l'humanité une magnifique gloire de plus, mais combien chère!...

Livré aux affres de ces visions sanglantes d'un avenir qui est devenu le présent trop réel, avant l'Exposition du centenaire en possession de l'aéroplane et hésitant à le publier, nous ne nous dîmes pas « non » tout de suite ; nous n'avons pas accepté aussitôt un renoncement de cette grandeur à tout ce que l'aviation réalisée représentait, outre que manifestation grandiose de la puissance humaine, de gloire et d'argent pour nous. En présence de cette « jetée à l'eau », par charité générale, de semblables trésors si uniques, nous entrâmes en lutte avec nous-même, en luttes longues, exaspérées. D'abord, nous n'allâmes pas chez l'ingénieur notre parent. La bataille, en nous, violente, à révoltes et résignations alternantes, à reprises et récriminations emportées, tout cela muet, dura plusieurs années...

Notre conscience nous répétait que si nous ouvrions cette source d'horreurs, nous serions le plus exécrable des assassins. Nous nous répondions qu'il serait insensé de détruire le produit de notre cerveau, de brûler l'œuvre de nos mains, une pareille auto-vivisection par nous acceptée bénévolement afin d'éviter de créer un nouveau charnier humain, après tant d'autres dans l'Histoire, qui ont promu des boucheries, innombrables pour, seulement, le succès de leurs petites affaires privées. Nous avons songé souvent à Bonaparte qui commanda, à Toulon, des assauts sus de lui inutiles, dans le but d'amuser sa maîtresse qui, d'une terrasse, suivait ce jeu d'échecs. « Combien d'autres », nous disions-nous, « ont intronisé les carnages pour des motifs mille fois moins importants que ma machine à voler. » Notre conscience répliquait ;

— « Importants, oui ; *inutiles* assurément en de pareilles conditions. »

La tergiversante mêlée intime, bouillonnant en notre âme, aboutit à un dérivatif : nous nous dîmes qu'il devait certainement exister, en dehors de la traction latérale des plans en équilibre sur l'air (mode d'aviation effective, mais empirique et détournée), une aviation directe, autre, à pesées orthogonales comme celle de l'oiseau, puisque celui-ci s'élève même perpendiculairement au sol. Il nous fallait reprendre nos études dans cette voie, découvrir quelque chose de péril moindre ; nous en étions capables, nous l'auteur d'une première solution.

Ce fût la mise sous clef des aéroplanes et l'attelage à la besogne nouvelle. Nous nous y sommes longtemps usé ; nous pouvions ne pas réussir. Nous ne devions aboutir que bien des années plus tard au système d'aviation destiné à devenir bientôt universel, *l'aéronef à parachutes-ailes, à double mouvement orthogonal et à clapets.*

Il ne sera pas facile de nous dépouiller entièrement de la paternité de cette œuvre, attendu que nous avons publié dans le numéro du *Mercure de France* du 16 novembre 1910[1] un article où nous exposons les théorèmes et principes principaux de nos aéronefs en les décrivant.

---

1. Outre un dépôt des mêmes principes et du croquis de notre primitif modèle n° 1, dépôt effectué à l'Académie des Sciences en 1902, signé, dont nous possédons reçu. Nous mentionnâmes au Secrétariat notre désir que le pli fût ouvert, nous mort.

En cet article du *Mercure*, nous déclarons avoir inventé les aéroplanes, et c'est la date de 1892 qui est imprimée par erreur. Notre affirmation était, là, gratuite, sans preuve. *Une preuve existe.* Postérieurement à la publication du *Mercure*, il nous revint en mémoire un fait qui établit la réalité de cette invention par nous avant 1889 : un de nos écrits, signé, inséré, figure dans certain périodique de ce temps, et témoigne que nous possédions alors déjà *le biplan.*

Car, par une suite de conceptions inévitables, cherchant à parvenir à une moindre insécurité pour les voyageurs-aviateurs, nous songeâmes, lors de nos crises d'amertume et de sursautants sanglots qui nous faisaient rouvrir le tiroir aux aéroplanes, à multiplier les plans en appui sur l'air. Nous dessinâmes le biplan cubique des Wright. Nous nous rendîmes compte, assez vite, que c'était là un espoir chimérique, un postulat illusoire : les cubes restent exposés aux ruptures d'équilibre non moins que les cerf-volants mono-plans, navires sans chaloupes de sauvetage, de même. Américains et Français mènent au même massacre.

Sur ces entrefaites il s'offrit à nous une occasion de, sans en parler, *parler en public* de l'invention si grande tapie en notre sein très torturé. Nous sautâmes sur cette maigre consolation avec une joie perverse, toute tachetée d'ironique amertume. Jean J., le frère du docteur J., très connu à Paris, fonda certaine revue littéraire appelée *Art et Critique*, et on nous invita, nous « poète » et ex-dirigeant de l'aînée *Revue Contemporaine*, à donner quelque œuvre au jeune recueil. Nous y imprimâmes avec empressement, non des vers, mais une pseudo-nouvelle philosophique où est représenté le pauvre Bourguignon que nous sommes, dérangé des rêves abstraits de « sa vigne » littéraire par un rêve matériel.

Nous montrons là un rêveur hanté qui voit, *seul au monde*, de singuliers fantômes volants, sombres, suspendus *sans soutien* au dessus des champs, des *cubes* dominateurs des campagnes... Le conte est intitulé *le Cube*[1].

Dieu sait si, à cette époque, personne, hors nous, songeait à une solution de l'aviation qui eût peuplé le ciel de *cubes* de toile, cette chose de forme si spéciale et si imprévue !...

Il n'est donc pas niable que, en ce temps-là, nous « peuplâmes le ciel » de bi-plans. Les frères Wright, et nous vingt ans avant eux, nous avons créé le bi-plan, cela prouvé ; ni nous, ni ceux qu'on dit les inventeurs au début du xxᵉ siècle, nous ne fûmes les premiers instigateurs du monoplan : L'inventeur s'appelle Henson. Il dut concevoir, sous Louis Philippe, cette application du principe de l'équilibre des plans sur l'air, car un aéroplane très complet et fort exact, dessin signé Hanson, figure dans le numéro de *l'Illustration* du 8 avril 1843. Nous l'apprîmes par les journaux alors que

1. Cette sorte de « publication » du bi-plan, cette preuve, ne nous revint en mémoire qu'après l'apparition de notre article au *Mercure de France*. Nous avons fait vérifier, à la collection de *Art et Critique* (où Willy publia ses premières célèbres « Lettres de l'Ouvreuse ») : notre conte *Le Cube* figure dans le numéro du 15 septembre 1880.

les Blériot circulaient et tombaient déjà; il est possible et même probable que les frères Wright n'en eurent pas plus tôt que nous connaissance.

En 1843, et jusqu'à la réalisation, par le fait prodigieux de l'envol effectif, au début du présent siècle, notre monde terraqué se montrait sceptique à l'endroit des essais de conquête de l'air, la chose ayant été rêvée et tentée, sans succès, depuis la plus haute antiquité. Scepticisme et défiance très naturels. Comment supposer que ce problème éternellement sans solution, en rencontrerait une précisément en notre temps? Pourtant, il y avait plusieurs raisons d'attendre possibles la machine à voler en ces temps-ci nouveaux, et, d'abord, l'existence des moteurs à détonations légers, récente, dont il n'était pas question en 1843.

Ceux qui virent l'aéroplane de Hanson dans *l'Illustration* durent supposer qu'il s'agissait d'une illusion, après tant d'autres, et beaucoup plus encore d'une fantaisie fantastique du genre de celles qu'illustrent certains dessins du curieux Restif de la Bretonne. Dans le moderne, à la fin du second Empire, on eut considéré la si sérieuse proposition de Hanson comme un amusement littéraire analogue aux hypothèses de Jules Verne (souvent réalisées depuis). Hanson lui-même n'a pu concevoir son biplan à traction latérale opérée par aube que parce que la machine à vapeur venait d'être inventée; il dût, en conséquence, prévoir un appareil très vaste, capable de porter le moteur à chaudière, et il n'est pas certain que, même fourni de capitaux, Hanson eut pu établir le monoplan à vapeur. Cela ne retire rien à la gloire de Hanson.

Nous étions certain, nous, en 1889, que la « révélation » imprimée dans la Revue *Art et Critique* (où Willy donna les premières de ses célèbres *Lettres de l'ouvreuse* à côté de notre *Cube*) nous étions assuré que cela n'entraînerait aucune divulgation de notre trop réel rêve. Mais nous prîmes à cette indirecte publication un âcre plaisir d'alchimiste en sacrifice; nous y goûtâmes comme une saveur mystique assez démoniaque, sardonique.... Nous vivions en rage.

Et, corollaire fort naturel, qui eût des suites pour nous désastreuses, le Dr J. dit, à propos de cette nouvelle le *Cube*, assez inexplicable, et qui, insolite sous notre plume, étonna nos amis :

« Mon frère Jean lui offrant de manifester littérairement, quelle prose invraisemblable produit-il là ! »

Ce fut un « jalon » planté dans l'esprit de ce médecin qui devait nous faire enfermer comme fou en 1898, parce que nous nous permîmes d'annoncer alors d'autres applications mécaniques.... Car un homme de lettres n'a pas plus le droit, paraît-il, de s'occuper de mécanique, que Galilée n'eut celui d'affirmer que la Terre tourne, même après Copernic.

Le Dr J. avait déclaré que, atteint de *la folie des grandeurs*, nous ne pouvions pas ne pas tomber en *delirium tremens* dans la quinzaine. On vint nous arrêter chez nous tandis que nous écrivions paisiblement un article pour une Revue de la maison Hachette, et on nous jeta à Sainte-Anne au milieu d'une tourbe squalide d'alcooliques. Nous avons gardé le sang froid, et nous nous sommes défendu, sans traces de *delirium tremens*, ni autre. Il nous fallut 27 jours pour démontrer l'erreur, et, aidé du prince Karageorgewitch, et de M. Philippe Crozier, qui intervinrent amicalement et avec activité, nous réussîmes à obtenir l'exeat, après la contre-expertise légale, au bout de ces 27 jours, fait sans précédent. Toutefois, ces uniques 27 jours ont *cadavérisé* notre vie entière et nous ont privé de tous moyens d'action : nous restâmes *classé fou* publiquement.

Une dernière convulsion de révolte.... La tentation de publier l'aéroplane nous assaillit de nouveau alors que nous étions chroniqueur au journal *la Liberté*. A la suite de méditations exaspérées, nous en étions arrivé à vouloir accepter la paternité du « charnier » à venir, des éternels « assassinats », que d'autres ont assumée sans scrupule ni hésitation.

— « Tant pis!... Allons-y! » me dis-je.

Nous croyions avoir pris la résolution ferme d'exposer publiquement, sans réserve d'intérêt pécunier, *la chose* en un article publié à *la Liberté*, ce qui était évidemment à notre disposition. On nous eut alors laissé tout écrire, à ce journal de Gustave Péreire, car nous y avions donné presque la veille deux articles sensationnels; le tirage avait monté et le Président Faure envoyait à

Péreire des émissaires suppliants. Nous venions de dévoiler ou de révéler à Paris que Nass'r Eddin, le schah de Perse, actuellement notre hôte fêté, que nous voyons vautré avec dégoût dans les landaus de l'Élysée, servi par Félix Faure en habit et crachats, acclamé, était un Néron pire ayant fait récemment torturer trente mille hommes, femmes et enfants chétiens bâbistes traînés nus dans les rues de Téhéran sous les fenêtres des ambassades européennes, conduits à coups de verges ferrées, à la mode du supplice de Mathô, dans Salambô, des étoupes de poix enflammée introduites sans cesse dans les trous de la peau, et des fers rouges appliqués pour relever ceux qui tombaient... puis, le soir, la mise en croix. On commençait à huer l'aimable souverain, notre visiteur.

Nous arrivâmes aux bureaux du journal, rue Montmartre, résolu à annoncer l'article sur l'aviation.

— « Eh bien, M. R..., m'accueillit en riant Péreire, quel bel article nous donnez-vous?

— Je viens, justement », commençai-je, « vous demander de me laisser opérer, par exception, sur un sujet.... »

Nous nous arrêtâmes, gorge contractée, au bord de l'aveu : les futurs fantômes de sang nous criaient après....

La phrase s'acheva en reculade; proposant une étude sur Dumas fils....

Nous étions vaincu. Nous enterrâmes définitivement l'aéroplane pour nous lancer à la poursuite

des autres vaisseaux aériens sans danger, ce que
nous aurions fort bien pu ne pas découvrir. Nous
en sommes arrivé à l'aéronef à parachutes et à
clapets plus de dix ans après la découverte des
aéroplanes.

### Les principes essentiels du vol de l'oiseau transposés dans nos appareils au moyen du clapet.

Nos vingt-huit types de nefs aériennes, différant les uns des autres par la forme, la puissance et le mécanisme, sont tous conçus d'après les mêmes principes, tous préservés de la chute par parachutes les surmontant. Et, dans tous nos modèles, les plans des parachutes, comme ceux de certaines ailes mobiles ou palettes d'aube procurant élévation et propulsion, sont uniformément munis de *clapets.*

Nos aéronefs sont, avant tout, des appareils à *clapets.*

Le clapet est la condition *sine qua non* de toute aviation directe et réelle, par la raison qu'il remplace, et avec avantage, tous les mouvements compliqués des ailes de l'oiseau ou de l'insecte ayant pour but et résultat l'ascension. Et non seulement le clapet remplace ces mouvements, mais son fonctionnement automatique opère exactement et à l'excellence, ce à quoi tendent les mouvements volontaires du volatile en envol vertical ou oblique ascendant.

Disons tout de suite que si les clapets que nous employons sont bien exactement ce que le mot représente en mécanique, ils s'éloignent, en apparence, des rondelles de métal, pourvues de charnières, en usage commun par exemple dans les corps de pompes, et qui s'opposent au passage de l'eau ou lui livrent passage selon que la pression s'exerce en dessus ou au dessous. Nos clapets sont des parallélogrammes en toile légère ; mais ils tiennent également par charnière (ou l'équivalent) au conduit qu'ils sont chargés d'obstruer ou d'ouvrir à l'air selon que l'air pèse au dessus ou au dessous, absolument comme les clapets de pompes font pour l'eau.

Sur toute l'étendue des surfaces de nos parachutes, ces clapets de toile, juxtaposés par rangées, tiennent par un seul de leurs quatre côtés aux fils en ligne droite d'un *filet* dont les mailles constituent, elles aussi, forcément comme tout filet tendu exactement, des parallélogrammes. Chaque clapet de toile étant fait plus large que la maille qu'il sert alternativement à obstruer ou à laisser vide, pend au-dessous du plan du parachute. Par conséquent ce plan du parachute se trouvant horizontalement placé en l'air, si le parachute descend entraîné par le poids central que suspendent des cordes au-dessous de la calotte, section sphérique, tous les clapets de toile se relèveront à l'instant et se plaqueront au filet en dessous, actionnés par l'air, et la totale surface du parachute se trouvera toile tendue sans solution de continuité autre que celle du « goulet » central classiquement nécessaire à l'échappement partiel de l'air et laissé sans clapets de toile : nous possédons alors le parachute en descente dans ses conditions ordinaires et vulgairement connues. Si, au contraire, par des moyens mécaniques, nous propulsons la calotte, clapetée, de *bas en haut* en réussissant à maintenir la position horizontale de cette calotte, l'opposition de l'air repoussera les fragments de toile rectangulaire qui se mettront à flotter en petits drapeaux au-dessous du filet, laisseront libre passage à l'air au travers de la maille vide.

Sans cette adjonction du clapet ainsi établi, ni nous ni personne autre ne pourrait songer à adjoindre aucun parachute à des appareils destinés à l'ascension; l'opposition de l'air au-dessus de la calotte empêche, en sus du poids, le quasi-plan horizontal du parachute de s'élever[1]. Le clapet

1. Un parachute jouet en papier, par exemple, lâché d'une fenêtre, *descend* presque toujours, en s'écartant de la verticale, du côté opposé à celui où le vent souffle. Dans certains cas, l'appareil *se déplace* horizontalement sans descendre : c'est qu'il se produit un *vent debout* (c'est-à-dire un souffle venant comme de terre et s'élevant selon la verticale ou suivant une oblique très ascendante) et que, par l'action de ce vent, la pesanteur de la totalité du parachute se trouve compensée exactement. Il arrive même, mais très rarement, en temps de gros vent *debout*, qu'un parachute *s'élève* plus haut que le point du lâcher, assez haut parfois. C'est que le vent en question, soufflant de bas en haut, applique au-dessous du plan de la calotte une force supérieure à celle de la résistance, cette dernière force représentée par l'addition de deux autres : l'action de la pesanteur et la résistance de l'air

supprime cette opposition de l'air lors de l'ascension, ou, du moins, il diminue cette opposition dans des proportions considérables.

Les parachutes nous étant permis par le moyen du clapet, nous descendrons lentement, au lieu d'être précipités sur le sol avec nos appareils; mais il s'agit, d'abord, de *nous élever*, comme le fait à volonté l'oiseau. Comment y parvient-il?

Nous avons, d'après nos études et observations, dégagé d'un ensemble assez compliqué de mouvements qui concourent à l'envol des ailés, le mouvement principal, essentiel, qui permet et détermine cet envol :

L'oiseau et l'insecte volatile, appareils d'aviation plus lourds que l'air, s'ascensionnent au moyen de deux mouvements alternatifs des écrans-ailes dont il sont pourvus : 1° un mouvement de *haut en bas*, utile à l'élévation [1] puisqu'il opère une pesée sur un plan de l'air pris comme point d'appui et élève le poids global de l'appareil au-dessus de ce point d'appui; 2° un mouvement de *bas en haut*, nuisible à l'ascension, mais nécessaire, obligatoire afin de remettre les écrans-ailes en position d'opérer une suivante pesée de haut en bas. Ce second mouvement (de bas en haut) collabore avec la

*au-dessus* de la calotte. Mais, sauf ces très rares accidents, la résistance de l'air au-dessus de la calotte existe, subsiste d'une manière constante et suffirait pour empêcher tout mouvement ascensionnel, obtenu mécaniquement, du parachute ordinaire. Seul, le clapet permet le mouvement ascensionnel.

1. La pesée orthogonale, c'est-à-dire directe. Et il peut y avoir pesée orthogonale en tous sens, non pas seulement de haut en bas.

pesanteur de l'appareil pour une tendance à le précipiter à terre, car le plan des écrans opère une pesée sur un plan de l'air pris comme point d'appui et abaisse l'appareil au-dessous de ce point d'appui.

Si ces deux pesées sur l'air, l'une élévatoire, l'autre précipitante, étaient égales, l'oiseau battant des ailes ne saurait en aucune façon s'ascensionner, le vol serait impossible. Les deux pesées opposées sont en fait très inégales, car, grâce à une manœuvre continuelle qui constitue l'acte majeur de l'envol, durant le mouvement nuisible de *bas en haut*, l'écran-aile de l'oiseau oppose à l'air une surface minime, alors que, pendant le mouvement de haut en bas, utile à l'ascension, la surface actionnant l'air est fort étendue.

Que fait l'oiseau, pour obtenir cette inégalité topique des surfaces de ses ailes? Ces ailes, étant composées de plumes imbriquées, articulées individuellement, quand il les appuie de haut en bas, l'oiseau écarte *au maximum* les plumes mouvantes : il déplie largement « l'éventail ». Au contraire, lorsqu'il « remonte » l'aile au-dessus de son dos (mouvement nuisible, de bas en haut), l'oiseau resserre les plumes imbriquées, il plie l'éventail; puis il lance en haut l'éventail présentant la « tranche », se dépliant selon un plan oblique, de façon à couper l'air par cette tranche. Ajoutons que cette « coupée » de l'air pour remonter l'aile est instantanée et que l'appui large de haut en bas s'opère d'une certaine durée.

Tel le *modus* essentiel du vol, du moins de

l'élévation volatile [1]. D'autres éléments moindres y concourent [2]; mais ce fonctionnement, cause et moyen direct de l'envol, détermine le principe fondamental de l'aviation. Nous pouvons formuler ce théorème, de base, ainsi :

« Un corps plus lourd que l'air peut être ascensionné par le mouvement alternatif de haut en bas et de bas en haut de plans pesant sur l'air horizontalement si, quand les surfaces s'opposent à l'air pour le mouvement de bas en haut, elles sont moindres que lors de l'apposition, à l'air, de haut en bas. »

C'est d'après ce théorème — en quelque sorte le *schema* de l'aviation — que tout appareil d'ascension [3] par « plus lourd que l'air » doit être conçu et construit.

Le clapet nous fournit, on le voit aussitôt, un moyen simple et absolu d'appliquer ce principe sans essayer une imitation directe très difficile, sinon impossible, des mouvements compliqués que

1. Certains oiseaux à vol lent, les oiseaux de mer, par exemple, obtiennent l'envol et le maintien en l'air sans presque, visiblement, recourir à ce *modus* de repliage des ailes : ils battent des ailes d'un mouvement régulier, lourd. Mais ce mode de vol n'en réalise pas moins la formule du vol que nous exposons : la surface des ailes, en dessus, étant *convexe*, et en dessous *concave*, l'air est retenu en dessous, lors des pesées de haut en bas, tandis que l'air glisse et s'échappe, se déplace aisément lors de la remontée des ailes.

2. La théorie de Léonard de Vinci relative aux *angles d'attaque* est vérité; mais il s'agit là d'une action secondaire, efficiente seulement pour une part infime.

3. Nous parlerons tout-à-l'heure du mode aéroplane (indirect) d'ascension, et pour l'oiseau et pour les appareils de main d'homme.

nous venons de montrer ceux de l'oiseau, et aussi d'autres mouvements secondaires très variés, que seul l'animal vivant, en possession de la motion animale si prompte, arrive à effectuer au gré des besoins divers et immédiats du vol. Si nous constituons les écrans-ailes de nos oiseaux artificiels de clapets juxtaposés formant toute la surface de ces plans, non seulement nous appliquons le principe de l'inégalité des surfaces pour les deux mouvements adverses, mais nous *neutralisons*, nous *annulons* presque la surface lors du mouvement nuisible de bas en haut. Cela, automatiquement.

Nous étions donc en droit de dire que l'usage du clapet imite, en le transposant, le mouvement du volatile, et qu'il le supplée avec avantage. C'est le *modus* de l'oiseau, dégagé en principe abstrait, que le clapet réalise, et au-delà

L'oiseau est un appareil *orthogonal* toutes les fois qu'il s'élève de terre, telle l'alouette se levant du champ en ascension verticale pour se mirer au soleil, tel le passereau qui fuit devant le promeneur en quittant la route où il pécorait l'avoine des crottins. Toutes les fois que, en général, un volatile s'élève, de départ fixe, sans force de propulsion acquise, pour suivre soit l'horizontale, soit toute direction ascendante au-dessus de l'horizontale, le volatile représente une machine de système *orthogonal* et se sert de ses ailes comme nous l'expliquons plus haut, afin de monter. Par contre, l'oiseau est une machine *aéroplane* et fait fonctionner ses ailes comme à la mode aéroplane lorsqu'il voyage, *dès le départ*, au-dessus de l'horizontale.

Quand, non effrayé, un pinson ou quelqu'autre ailé perché sur une branche quitte l'arbre, il choisit presque toujours le système de marche de l'aéroplane, ce mode étant plus agréable, moins fatigant : l'oiseau se laisse tomber de la branche en étendant les ailes et les laissant étendues sans les mouvoir. De la sorte, en « chute » oblique, il acquiert une certaine force de propulsion et avance, *planant*. Un très faible abaissement du plan des ailes à l'arrière suffit pour que, sans les agiter, le volatile aéroplane décrive une courbe ascendante[1] grâce à la force acquise, et dépasse en hauteur l'horizontale passant par le point de départ. Il pourra ainsi gagner un arbre voisin sans nulle dépense de battements. Mais, dès que la force acquise s'épuise, le battement *direct* intervient ; il faut que le paresseux ailé redevienne appareil orthogonal, ne fût-ce que pour reprendre quelque hauteur et, de là, s'offrir de nouveau les douceurs du « planage ».

La marche des volatiles est faite d'un mélange des deux systèmes tour à tour quittés et réemployés.

L'étude du vol planant des oiseaux ne nous encouragea pas peu dans la voie de l'aéroplane quand nous en entreprîmes, en 1886, la réalisation ; mais, parvenu aux aéronefs à clapets, la constatation du fait que la circulation aérienne des ailés participe des deux méthodes, nous incita à créer des

---

1. Les ailes font alors office aussi de gouvernail, concurremment avec la queue, car la moindre différence de tenue ou d'allongement d'une aile avec l'autre, modifie la direction.

aéronefs à la fois orthogonales et aéroplanes, ce que réalisent plusieurs de nos modèles, le type 26 notamment (en croquis p. 59).

Quand, en gestation des aéronefs à parachutes et à clapets, nous eûmes imaginé le clapet de toile sur filet, il fallut songer à la motion. Intervinrent les projets de dispositifs mécaniques; nous les établîmes d'abord d'une effrayante complexité.

En l'absence de précédents en la matière, il fallait, sinon inventer, adapter à des usages nouveaux les agents et dispositifs usuels en mécanique. D'où, complication. Mais ce qui nous induisit à bâtir avec multiples agents, enchevêtrés, ce fut notre postulat de début : faire se mouvoir des deux mouvements alternatifs, opposés, *les parachutes eux-mêmes* afin d'obtenir l'ascension, puisque, pour la sécurité, le parachute s'imposait d'une façon absolue, et avant tout.

Ce fut beaucoup plus tard que, simplifiant petit à petit, nous arrivâmes à des modèles où le parasol, unique, reste fixe, au sommet, l'ascension et la propulsion confiées à des aubes (type 24, croquis p. 6), à des palettes ou écrans faisant office d'ailes et placés au-dessous du parachute, ou bien sur le plan même du parachute, à son centre ouvert en conséquence.

Et, alors seulement, il nous fut donné de concevoir, d'établir même en appareil réduit construit, le type le plus rudimentaire de l'oiseau artificiel à écrans-ailes clapetés, d'après le théorème du principe ci-dessus énoncé (p. 31).

Nous donnons à la page suivante un dessin

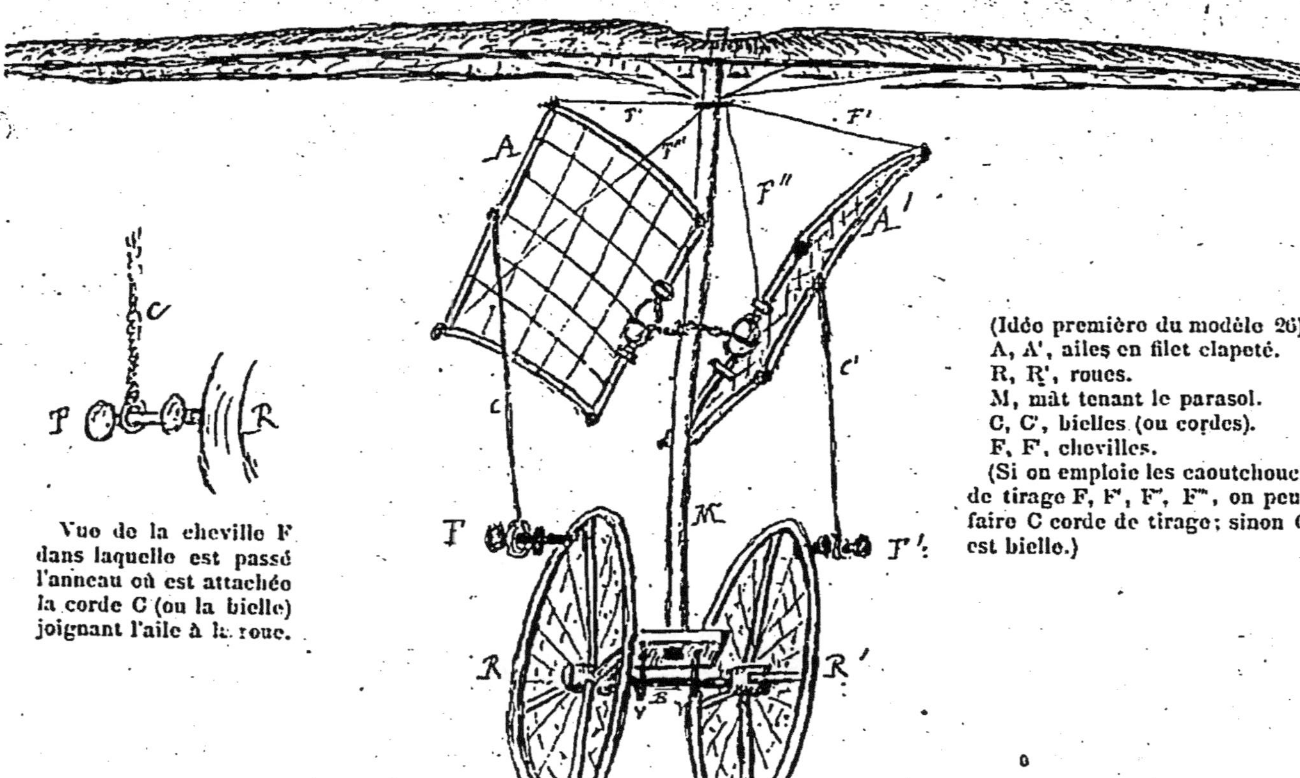


AÉRONEF A PARACHUTE. — L'OISEAU ARTIFICIEL RUDIMENTAIRE.

d'après nature, qui ressemble à une reproduction photographique, du très naïf oiseau artificiel, non moins naïvement édifié, qui nous servit de point de départ pour les types à parachutes fixes et de vérification du principe premier.

On peut superposer ou non un parachute de sauvegarde à ces sortes d'appareils d'une effrayante simplicité, auxquels le clapet procure l'ascension. Les déchargeant du parachute et, par suite du poids d'une partie du mât ou cadre central qui joint de toute nécessité nos parachutes aux nacelles sous-placées porteuses de l'aviateur et du moteur, les allégeant du parachute, il n'est pas certain que la motion animale, la manivelle à bras ne suffirait pas pour déterminer l'élévation. Nous avons dessiné et établi, calculé un volatile artificiel allégé de presque tout, au point que, probablement, l'aviateur s'élèverait sans autre moteur que ses bras. Seule la construction en grand édifierait sur ce point.

L'oiseau artificiel, avec parachute, montré page 35, qui nous servit de point de départ pour le type 26 (croquis, p. 59) ne vole pas, et s'élève à peine ; il sautille seulement, parce que, chargé d'un parachute, *il n'a qu'une paire d'ailes* comme les oiseaux qui, eux, sont exempts du poids d'un parachute.

Or, tous nos appareils (hormis ceux ascensionnés par des aubes très puissantes, à rotation entière), toutes nos aéronefs admettent au moins quatre ailes, dont deux pèsent sur l'air, tandis que les deux autres prennent champ en hauteur. Et, de la sorte, nous obtenons, supérieure à celle de l'oiseau, *une pesée sur l'air continue*, sans presque de point mort.

Ce principe de la pesée continue par coexistence d'ailes ou de parachutes à battements contraires, donne à nos machines un supplément de puissance élévatoire qui permet non seulement la superposition des parachutes, mais l'emploi des moteurs à grand nombre de chevaux, et des cadres d'attache assez pesants.

D'une façon plus ou moins percevable, le vol de l'oiseau, qui, lui, ne possède que sa paire d'écrans à pesées intermittentes, fléchit sans cesse durant son avancée plus ou moins horizontale dans l'espace. Lors de chaque « remontée » des ailes, le corps n'étant plus soutenu, s'abaisse, remonte lors de la pesée de haut en bas, baisse de nouveau et ainsi de suite. Le graphique d'un vol avial est une suite de petites lignes brisées, ascendantes et descendantes alternativement, au-dessus et, au-dessous de l'horizontale, à moins que, par vitesse acquise, la balistique n'intervienne.

Outre les autruches et casoars qui ne peuvent s'élever, voler, bien que pourvus d'ailes, certains oiseaux ont le vol difficile, pénible, et chez eux chaque relevage des ailes produit un abaissement considérable. Le héron, par exemple, est curieux à observer en trajet de voyage, et, pour voyager, il se tient assez haut. Le héron laisse pendre ses longues et lourdes pattes d'échassier; il est nanti d'ailes assez courtes pour enlever un corps assez volumineux, et, outre ses deux échasses, « le long bec emmanché d'un long cou », fort lourd, dont parle La Fontaine. Nous avons vu en Bretagne ces échassiers à lourdes pattes passer au-dessus des landes en frappant avec fatigue des coups d'ailes espacés, lents, qui les relevaient avec peine de véritables chutes rythmiques, le vol horizontal fait de successives descentes et remontées.

Au contraire, certains ailés, des insectes surtout, aux ailes agitées si rapidement qu'on ne les voit pas, nous ont conduit à créer des appareils à aubes fournissant l'élévation, et *à parachutes fixes*.

Il faut noter que les lépidoptères, particulièrement ceux dits *sphinx*, et les bourdons, les mouches, etc., ont un vol vibrant, fort différent de celui de l'oiseau. Tous les papillons, même, non vibrant, voletant à l'ordinaire mais capables de voler, de s'élever quand ils le veulent, sont pourvus d'ailes sans aucun imbriquage de plumes, bel et bien des écrans parfois flexibles, mais non repliables, non diminuables de surface lors du mouvement nuisible de bas en haut. Le principe de l'envol de ces volatiles (à palettes pleines comme ailes) n'en reste pas moins celui de notre théorème : ils réussissent, par un autre moyen que les oiseaux empennés, à « escamoter » la surface de leurs ailes pour les remonter en vue de la suivante pesée de haut en bas. Cela, par *virage* : l'attache de ces ailes-plans au corselet de l'insecte contient un agent de « torsion » qui permet de tenir perpendiculaire et horizontal alternativement le plan en battement. L'aile s'appuie horizontale, remonte

-verticale, coupant l'air. Ce sont des « rames à air » ou une « natation aérienne ».

Notre seconde « famille » d'aéronefs à parachutes et clapets s'inspire (sous parachutes fixes, en plus) des insectes à ailes vibrantes et virantes : ce sont *des sphynx*, des lépidoptères, des mouches, et parce que à ailes vibrantes, et à cause de leurs formes, le parachute à part et en plus.

Nos premières aéronefs — la première famille — s'élèvent par leurs seuls parachutes mûs et se propulsent au moyen d'hélices.

Nous allons montrer des spécimens de ces deux classes d'appareils, classes fort distinctes.

## Les aéronefs à parachutes eux-mêmes mouvants.

Cette première espèce de machines volantes orthogonales s'ascensionne par deux parachutes dont l'un monte quand l'autre descend, et réciproquement.

Le fait que l'élévation dans l'air puisse être obtenue ainsi, même si toute expérience effective eût été omise, n'est pas douteux, car la théorie que voici en repose sur les données, d'ordre expérimental, acquises, du parachute lui-même :

« Un homme suspendu à un premier parachute se trouve disposer dans l'air d'un point d'appui fixe par rapport à ce parachute en équilibre sur l'air. Cet homme peut se servir de ce point d'appui pour élever, au-dessus du premier, un second parachute, lequel créera un second point d'appui utilisable pour élever à son tour le premier parachute au-dessus du second ; et ainsi de suite. »

Nous ne voyons rien de mieux pour faire comprendre ce principe et en apercevoir les applications possibles, que d'imaginer *une pantomime du clown-aviateur* qui pourrait fournir un « numéro » amusant à la représentation d'un cirque.

Tous les « accessoires » devant servir à cette parade étant rassemblés de façon que « l'artiste » n'ait qu'à les prendre des mains des servants à l'entrée du tunnel menant aux écuries, notre clown fait son entrée portant ouvert au-dessus de sa tête *un parapluie* ordinaire, objet qui n'est autre, quant à la structure, qu'une réduction de parachute, sauf que outre les « ficelles » trop haut placées que figurent les « baleines » du petit appareil toujours un peu ridicule en lui-même, il est pourvu d'un « manche » et qu'au centre de la calotte on a omis de pratiquer l'ouverture nécessaire à l'échappement d'une colonne d'air.

Le clown (le célèbre Auguste d'antan, si l'on veut) se promène sur la piste et, tout à coup, feint d'être assailli par un « coup de vent » violent. Le parapluie s'incline, se distend, et son porteur fait semblant d'être entraîné, à grands pas, par la force du courant qui s'engouffre sous la solide calotte sans parvenir à « retourner le parapluie » plus ou moins brisé, comme c'est l'accident ordinaire en pareil cas.

Alors, Auguste, par mimique, suggère aux assistants que l'incident lui vient de procurer une soudaine idée de génie : il se frappe le front, montre la route du ciel, explique par geste que son parapluie va lui servir d'appareil d'aviation. Incontinent, le clown élève l'objet très haut au-dessus de sa tête, le ramène avec force en s'accroupissant, s'élance en l'air cramponné à son parapluie, le retire encore vers le sol avec rapidité et énergie forcenée, et ainsi de suite.

Le clown ne s'envole pas. Il se frappe encore le front. L'insuccès tient sans doute, pense-t-il, aux dimensions trop exiguës de l'appareil. Auguste court et revient armé d'un autre parapluie du double plus grand. Nouvel essai et bonds; insuccès pareil. Méditatif, le clown regarde son appareil. Nouvelle idée géniale : Auguste va prendre un second parapluie. Il se pose, écartant les bras, un manche dans chaque main, et il recommence la tentative d'ascension en élevant un parapluie et en abaissant l'autre en même temps. Effort inutile encore. Nouveau recours aux accessoires et apport d'un parapluie au manche d'une longueur démesurée, terminé en pointe. De cette pointe, Auguste crève la calotte d'un autre parapluie à manche long aussi, mais moins. Les deux manches s'avoisinant, le clown, plein d'espoir et de persévérance, recommence à imprimer les deux mouvements inverses de *tricotage*, de bas en haut et de haut en bas, aux deux parapluies, simultanément, et il s'efforce à l'envol : mais ses pieds ne quittent terre que quand il saute et reprennent terre lourdement.

Auguste ne se tient pas pour battu ; il va encore à l'écurie et en rapporte triomphalement deux énormes parasols à manches considérablement hauts, le manche de l'un des parasols passé déjà à travers l'étoffe de l'autre. Cette fois, il ne manque plus rien à l'appareil, pas même les *clapets* de toile dont nous avons parlé page 27, ourlés comme il convient aux filets à mailles qui sont l'unique étoffe de ces deux appareils perfectionnés.

Le clown recommence passionnément le jeu de battements en sens contraire des deux parachutes à manches immenses.

Cette fois, Auguste, ravi, s'envole, toujours agitant avec furie les deux parasols, jusqu'aux plus hauts trapèzes du cirque, où il s'assied, triomphant.

L'aviateur aux parasols s'envole parce que, pour le bien du spectacle, un cable à crochet, suspendu d'avance pour ce faire, a harponné l'artiste à la ceinture; car, sans cable, en dépit de tous remuements des parasols-parachutes à longs manches, notre homme n'aurait jamais quitté le sol...

Il faudrait, pour réussir ainsi l'envol au moyen de parasols-parachutes même clapetés, que ces parasols fussent d'une telle largeur qu'un homme ne les saurait manier par la seule force des bras, et que les mouvements des deux parachutes fussent rapides au point de les rendre invisibles à l'égal des ailes qu'agitent les mouches vibrant au soleil et dont on n'aperçoit que le corps, point noir suspendu.

Mais, rien n'empêche de créer des parachutes, à longs manches, de l'étendue de surface utile calculée, de faire en effet jouer les manches, s'avoisinant beaucoup, dans des anneaux à glissement lénifié, l'un des manches passant à travers la calotte de l'autre parasol-parachute sous placé, par l'ouverture ménagée, sans clapets, pour l'échappement de l'air. Les extrémités inférieures de ces deux manches seront attachées par anneaux à des chevilles fichées aux circonférences de deux roues qu'un moteur, fixé comme les roues au plancher d'une nacelle, mettra en rotation. Si l'une des chevilles, dans laquelle tourne l'anneau terminant l'un des mâts-manches, est fichée en haut de sa roue, tandis que la cheville finissant par l'anneau terminant de l'autre mât est fichée en bas de l'autre roue, les parachutes, que ces mâts-manches portent, « tricoteront » constamment en sens contraire, et à grande vitesse. Ces parasols-parachutes, invisibles par vitesse, se rapprocheront à mi-chemin de leur hauteur sans se rencontrer jamais, et il faudra que les mâts-manches les tiennent en des points un peu hors du centre pour que les deux calottes, égales aux surfaces, se superposent exactement.

Nous posséderons alors le modèle nº 4 de nos aéronefs à parachutes mouvants[1], dits par nous des *Tricoteuses*, si l'on veut bien admettre cette appellation non sans justesse (croquis p. 45).

Nous avons édifié naguère en petit modèle cette « tricoteuse » nº 4, ainsi que le nº 1, déposé à l'Académie, dont le nº 4 est un perfectionnement; nous ne ferions jamais construire et monter en grand cet appareil nº 4. Pour plusieurs raisons nous nous abstiendrions : il prend un envol cabrio-

---

1. Il y a à remarquer que, dans cette manière d'ascension par double parachute mû, ce n'est pas le parachute tiré en bas qui descend (ou guère), c'est la nacelle qui monte à sa rencontre, qui s'en rapproche forcément, par conséquent qui s'élève; le parachute tiré en bas descend beaucoup moins vite que la nacelle ne monte.

lant à cause de la trop grande proximité du parachute inférieur et de la nacelle; au moment où le parachute inférieur arrive au plus bas, le supérieur,

AÉRONEF A PARACHUTE, MODÈLE 4.

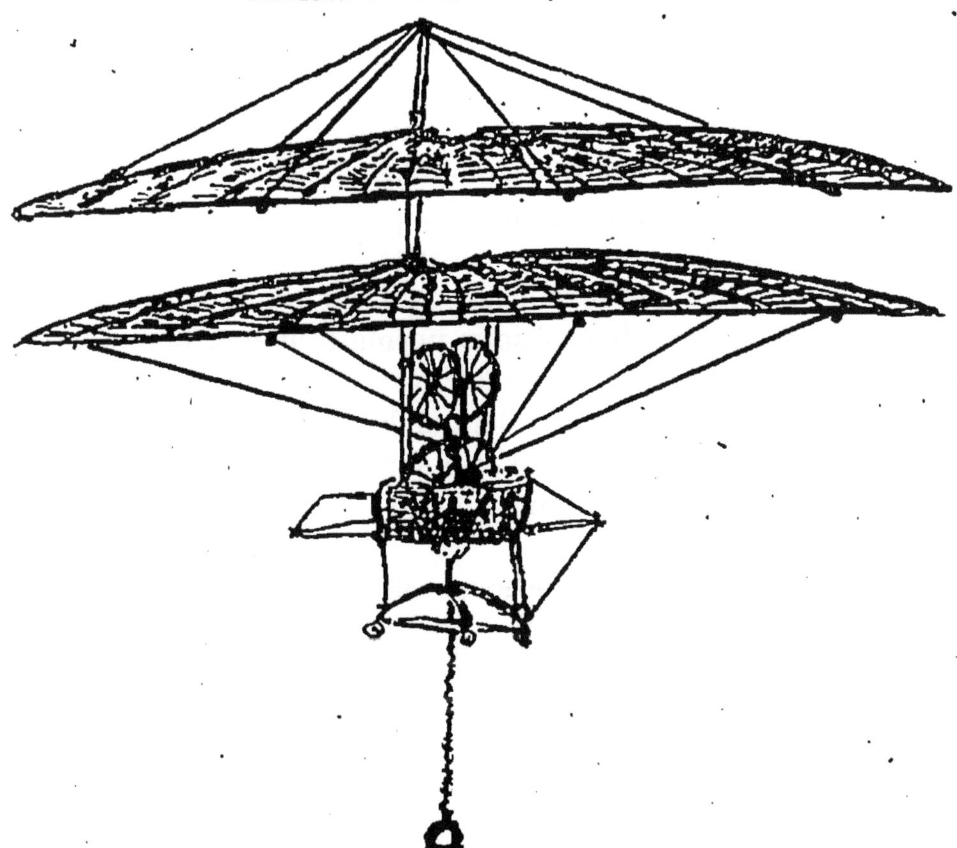

Élévation obtenue orthogonalement par l'élévation et l'abaissement simultanés en sens contraire, de deux parachutes superposés et horizontalement en équilibre sur l'air.

au plus haut, tend à se renverser pendant un temps, il est vrai inappréciable; mais cela suffit à produire des secousses, et l'aéronef « donne de la bande », et la nacelle balance parce que les mâts ont attache excentrique aux parasols.[1] De plus l'appareil est beaucoup trop fragile et sujet à des dérangements, avec des mâts trop hauts[2] et sa motion empirique par chevilles à anneaux. Ce très ancien type nôtre n'en existe pas moins et constituait déjà une solution en son temps, en 1899.

Dans les modèles à parachutes mûs qui suivirent le n° 4, nous avons accourci considérablement les terribles manches-perches primitifs en faisant en sorte que les parachutes *se pénètrent*, sans rencontres ni obstruction, qu'ils *se croisent* au lieu de se surperposer en hauteur. Il existe plusieurs dispositions permettant que deux parachutes passent l'un à travers l'autre et « tricotent » sans se heurter, depuis la forme de deux couronnes concentriques à sommes de surfaces égales qui se pénètrent, jusqu'au sectionnement en

1. Le parachute inférieur doit, sans le rencontrer à beaucoup près à cause des « baleines » de ce parasol, monter à la rencontre du parachute supérieur qui descend, et il est nécessaire, et pour la valeur efficiente des pesées et pour le jeu effectif des clapets, que ce va-et-vient ait une certaine amplitude. Cela exige très élevé le manche (tubulé) du parachute supérieur.

2. Nous avons d'ailleurs, depuis, perfectionné ce type qui, tel qu'il est au croquis, transformerait l'aviateur en pendule. Nous avons remplacé chaque roue par deux poulies sur lesquelles court une courroie de transmission à laquelle est fixée latéralement la cheville. Cela permet de rapprocher beaucoup les deux mâts, donc de moins excentriquer. De plus ces poulies permettent de donner, à moins de poids, éloignées l'une de l'autre, un champ de course très étendu à la cheville et à son anneau, par conséquent d'augmenter beaucoup l'amplitude du va-et-vient des deux parasols, cela au grand profit de l'ascension et en force et en rapidité.

quatre éventails du parachute général, mode qui est celui de notre modèle 18 (voir croquis ci-dessous).

On imagine le fonctionnement de ces quatre écrans (tendus de filets et clapetés) géminés de mouvement, le premier avec le troisième, le second avec le quatrième, qui ne peuvent jamais se rencontrer dans leur va-et-vient vertical croisé, ni se gêner, et de surfaces égales. Pour la descente lente parachutée, ces trois sections, arrêtées en un même plan horizontal, reconstituent le parachute entier, la nécessaire sauvegarde.

L'emploi (en l'appareil 18 ou pour d'autres) de ce parachute sectionné en quatre éventails, dont deux joints, exige trois mâts-manches, fort courts, mis en va-et-vient vertical par un dispositif mécanique. Celui du 18 est puissant et à économique distribution de force.

Parachute sectionné du modèle 18 et d'autres de la première famille (supposé vu d'en haut, par un spectateur placé exactement au-dessus de l'aéronef).

Des nombreux types premiers appartenant à cette classe de nos aéronefs à parachutes eux-mêmes mouvants, nous ne voudrions garder, et donner à construire que le n° 18. Nous destinerions cet appareil, particulièrement robuste et sûr de fonctionnement, à être réalisé en très grand, et à servir de transatlantique aérien.

Cette grande aéronef, projetée en vue d'un service de transports publics, pour voyages à longues distances, a été établie en plans exécutables, et son exposé tient un gros volume.

Les navires seraient construits en matériaux d'une extrême solidité, *sans souci du poids*. La « Tricoteuse » n° 18, prévue de près de cent mètres de long, mue par trois moteurs, comporterait cabines, room, salle à manger, tout le confortable des transports sur mer. Et, les questions de poids, si importantes en aviation, étant au fond *indifférentes*[1], il est probable qu'on en reviendra comme motion à la machine à vapeur, pure et simple, qui est le moteur le moins sujet aux refus de service, « pannes », caprices. Les clapets seront métalliques, ainsi que leur filet de soutènement devenu une grille.

Nous savons que ce projet fera sourire....

Nous affirmons que, *quelque soit son poids et son volume*, un appareil mécaniquement bien conçu et exécuté, en équilibre de forces et de résistances, s'élèvera de par la pesée sur l'air de surfaces suffisantes mises en mouvement par des moteurs appropriés comme puissance.[2] Nous le démontrons au chapitre IV, suivant.

Quelle que soit l'énormité des proportions que l'on puisse admettre pour les grands vaisseaux aériens futurs, l'élévation en sera obtenue par nos moyens, et la propulsion fournie, ne fût-ce que par la chute planante en descente oblique, imitée

---

1. Voir page 52 et suivantes, la théorie de l'élévation.

2. Voir page 29 et suivantes la théorie et le théorème de l'ascension par pesées orthogonales chez l'oiseau et dans l'aéronef.

de l'oiseau lorsqu'il fonctionne en mode aéroplane. Une fois la propulsion acquise, le mouvement uniforme établi en marche horizontale, ces très gros navires aériens « marcheront » mieux et plus sûrement que les moindres, que nos légers modèles réduits, en osier, notamment.

On peut affirmer en effet que, plus un appareil d'aviation est lourd, *plus son soutien est assuré*, attendu que la balistique intervient de même et pour le monstre aérien et pour le moineau, et que les trajectoires des projectiles pesants sont plus tendues et plus longues que celles des petits projectiles. De plus, la trajectoire d'un projectile dont la force de propulsion s'accroît « en route » (parce qu'elle est fournie par moteurs placés sur le projectile lui-même) n'est plus seulement une courbe tangeante à la ligne droite horizontale, sa limite, courbe *au-dessous* de cette droite, cette trajectoire devient la ligne droite elle-même et davantage : une courbe tangeante *au-dessus* de l'horizontale.

Nous dirons quelques mots, au chapitre v, d'une construction moins redoutable, beaucoup moins dispendieuse que les steamers aériens n° 18, nôtres; nous parlerons là des machines de la seconde classe, à sublimation et propulsion par palettes-ailes. Parlons d'abord de l'élévation des appareils, en général.

# IV

## L'ascension des appareils à élévation verticale par pesées directes sur l'air (orthogonaux).

Un certain nombre de rêveurs, d'inventeurs plus ou moins gens d'étude et de science, d'aucuns anciens, tel Léonard de Vinci, avaient marché dans la voie des appareils orthogonaux à élévation verticale où nous aboutîmes, en 1899 au parachute volant clapeté.

L'examen, autant qu'il se peut faire à distance, des essais de nos prédécesseurs révèle chez eux une curieuse terreur du poids à soulever, et, en même temps, une étonnante pusillanimité dans la construction de machines qui eussent eu les dimensions nécessaires.

Le problème était d'ascensionner un homme c'est-à-dire de 60 à 80 kilog., à l'aide d'un appareil lui-même pesant, appareil mû par un moteur, troisième poids[1]. Afin d'avoir raison de l'addition de

---

1. Nous ne sommes pas éloigné de croire, sans avoir examiné le moto-cycle-aéroplane, tout récent, de M. G. de Puiseau, que l'on peut supprimer le moteur et se suffire avec la motion animale, seule, comme l'oiseau. (Voir p. 36.)

ces trois poids si effrayants (dont le premier volatile venu n'a cure), on a toujours lésiné, et sur les étendues des surfaces, et sur la force du moteur.

On eut toujours peur de construire en grand des « plus lourds que l'air » orthogonaux, tandis que, pour le premier aéroplane de 1843, Henson, avec raison et connaissance de cause, a conçu tranquillement un « plan » de bois de *50 mètres sur 10* superposé à un bon moteur à vapeur. Et, avec d'autres aéroplaneurs, M. Santos-Dumont, qui « vola » le premier au bois de Boulogne, M. Santos-Dumont, à qui revient avec justice beaucoup d'honneur des aéroplanes réalisés, avait bel et bien construit son aéroplane rudimentaire dans des proportions idoines à l'envol humain.

Pour les aéronefs orthogonales, point : de timides jouets.

Cette bizarre crainte de faire assez vaste, qui a paralysé les chercheurs de l'aviation à pesées directes, apparut déjà au temps de Montgolfier où l'aérostation naissante se proposait en concurrence, alors déjà, avec « les plus lourds que l'air ». Les aérostiers de la Révolution fabriquèrent le volumineux ballon, tandis que Lannoy et Bienvenu s'en tenaient à un modèle réduit d' « hélicoptère » à hélice de plume...

Les créateurs des aérostats ne se sont pas inquiétés de la difficulté, prétendue, de s'élever en rampe raide, ni même verticalement[1] :

_____

1. La lourde perdrix, à ailes si courtes, lorsqu'un grain de plomb l'a atteinte au crâne, monte en suivant l'absolue perpendiculaire.

Les Pilâtre-de-Rozier ont, à leur mode, développé la force nécessaire et ils ont monté verticalement.

Qu'on emploie à produire la force ascensionnelle une différence de densité de deux gaz, ou bien une différence de pression, le résultat reste le même; il est loisible d'obtenir mécaniquement la pression en faveur de la hauteur. Pour cela, nous devons sans hésitation employer, en aviation, des moteurs du nombre de chevaux utile et ne pas redouter leur poids : la pesanteur plus ou moins grande d'un appareil orthogonal *est indifférente en soi*; elle n'importe qu'au point de vue relatif et d'économie. Un moteur suffisant développe toujours la force nécessaire au moins à sa propre élévation, car il pourra toujours opérer (avec clapets) la pesée sur l'air de surfaces assez étendues pour déterminer l'élévation, ces surfaces pouvant être accrues à volonté en raison des besoins.

L'ascension est certaine en vertu de ce théorème :

« La force ascensionnelle F′ produite par les surfaces d'écrans-ailes chez les oiseaux vivants ou artificiels, est toujours supérieure à la force F nécessaire pour obtenir le mouvement des surfaces frappant l'air et en utiliser la résistance. »

En l'absence même de toute ascension de modèles orthogonaux réduits, nôtres et autres, expériences qui furent effectuées, ce théorème eût été démontré par le seul fait de l'envol vertical de l'oiseau.

Cette différence entre F′ et F est employée, par l'oiseau, à porter le poids global de son corps, et, en plus, de lourdes proies, des matériaux pour son nid : l'aigle enlève des agneaux et jusqu'à de véritables moutons.

Cette différence entre F' et F laisse donc à nos appareils une large « marge » permettant des moteurs Antoinette, Gnôme, d'autres, et, en plus, des parachutes de filet, légers, et tout ce qu'il nous plaira, car nous sommes libres d'accroître les surfaces qui s'appuient sur l'air.

Nos aéronefs peuvent porter beaucoup plus, proportionnellement, que les volatiles qui subliment des objets sept ou huit fois plus pesants qu'eux-mêmes[1] : nous sommes mieux armés que l'oiseau, nos palettes-ailes, à nous, opérant la pesée sur l'air *continue* grâce aux doubles paires d'ailes battant en sens contraire, et nos oiseaux artificiels éludant, comme les vivants, et mieux qu'eux grâce aux clapets, l'opposition de l'air lors du mouvement remontant des ailes.

Les chercheurs d'appareils orthogonaux (dont le plus notable fut Ponton d'Amécourt) qui ont travaillé un peu avant la guerre de 1870 à ce qu'on a voulu appeler des « hélicoptères », les d'Amécourt, les Mélikoff, les Trouvé, du second Empire, pensèrent au double mouvement contraire des écrans. Quant au parachute, — un poids de surcroît !... — il n'y fallait pas songer, car le parachute est impossible sans clapets. Et nul fabricant d'hélicoptères, que nous sachions, n'employa le clapet,

---

1. Combien le poids d'un mouton moyen représente-t-il de fois le poids de l'aigle qui l'enlève ?

avant que nous l'ayons publié. Des penseurs demeurés obscurs y songèrent peut-être.

Il est difficile de savoir ce qui se crée en silence des choses d'aviation, car l'inventeur, lorsqu'il sent en lui une idée réelle, sérieuse et grande, est habituellement un jaloux de gloire, (hélas, la gloire!...) qui s'isole, se tait. Il vit à l'écart, en tête à tête avec son rêve. Seuls les médiocres s'associent : les grues volent en troupes; l'aigle se veut plutôt seul dans l'air.

Il est probable que si, jeune, nous avions voulu nous rapprocher d'hommes comme Nadar, Fortalini, si, vers 1904-1905, des constructeurs tels que MM. Bréguet, Richet, avaient été sollicités d'associer aux nôtres leurs idées et efforts, l'aviation orthogonale à parachutes se fût réalisée avant qu'on lançât, vingt ans après nous, l'aéroplane réinventé; et bien des morts seraient restés de valeureux vivants. Il faut bien le reconnaître, en somme, c'est un « plus lourd que l'air » orthogonal qui a fourni la première ascension : celle de Fortalini en 1878.

Depuis, il y eut des « hélicoptères » s'ascensionnant; mais, toujours (ce nom malencontreux semblant emprunté à l'entomologie), ce furent de quasi-insectes artificiels, des jouets plus ou moins, à hélices mûes par caoutchouc comme notre premier « Blériot » de 1887 et nos bi-plans de 1888-89.

Pourtant, parmi cette floraison d'hélicoptères qui, les moteurs à détonations s'allégeant, se produisit vers 1905-1906, en même temps que l'aéroplane, et plusieurs années après notre dépôt à l'Académie du premier parachute volant clapeté (1902), parmi ces hélicoptères il y eut quelques essais, encore insuffisants et peu poussés, non munis du clapet, qui furent tentés sur modèles un peu plus sérieux : M. Maurice Léger construisit chez le prince de Monaco, et fit s'enlever, avec lest, un assez grand appareil hélicoptère « captif ». Le très curieux orthogonal des frères Dufaux, parents de Rochefort, à battements quadruples, fut lancé, paraît-il, comme celui de M. Léger, au bout d'un câble, et donna des résultats identiques, sans qu'on y ait insisté.

Le plus complet de ces orthogonaux sans clapets ni parachutes, semble avoir été celui de M. Cornu, de Lisieux, qui s'éleva en 1907. L'ascension donna lieu à un drame fort émouvant : le cadet de M. Cornu, saisi de terreur au dernier moment, ce qui est bien humain, voyant son frère quitter le sol, se précipita, éperdu, sur l'appareil que montait l'aîné ; il saisit la machine, voulut la retenir. Mais la machine enleva le second frère. A son tour effrayé, l'aviateur éteignit l'allumage et l'hélicoptère chut d'environ deux mètres, se brisa.

Celà, après les aéroplanes. De fait, l'aéronef orthogonale, outre qu'elle ne saurait, sans clapets, obtenir que des résultats médiocres, présente en grande partie les mêmes dangers que l'aéroplane si on ne la pourvoit pas du parachute ; on conçoit que l'essai inutile n'en soit pas engageant. Et, en effet aussi, non à parachutes, les orthogonaux n'offriraient pas grand intérêt après l'aéroplane, qui est moins encombrant, puisqu'ils seraient à l'égal meurtriers.

Voyons, décrivons quelque peu quelques-uns de nos « outils » d'aviation à parachutes et à clapets : nos « sans-chûte ».

# V

## Aéronefs à parachutes fixes.

Nous conserverions plusieurs de nos machines de ce genre s'il nous était donné d'exister et d'agir ; et, entre autres, le type 26, dont voici un croquis à la page suivante[1].

Cette machine devrait être propulsée par une hélice (mode dont il y a à se défier) et non par aubes ou palettes-ailes, clapetées, à pesées orthogonales. Mais, comme tous nos divers appareils, le 26 est propre à ascensionner des voyageurs verticalement à la hauteur qu'ils voudraient dans les limites permises par le froid et la raréfaction de l'air atmosphérique. Donc, outre l'hélice procurant l'avancée initiale, ce modèle pourra être pro-

---

1. Nous n'avons pas besoin de dire que les croquis reproduits en la présente brochure, sont faits seulement pour rendre évidents, palpables en quelque sorte, les dispositifs, agents, mouvements et cadres d'attache, tout cela démesurément grossi et hors de proportions. Telles que nous les montrons, nos aéronefs ne s'élèveraient guère plus que des quartiers de roc....

pulsé en vitesse par ce que les aéroplaneurs appellent, nous entrevoyons pourquoi, des *gouvernails de profondeur* : l'élévation donne la propulsion; la « chute » se transforme en vitesse de voyage non pas horizontal, mais par succession d'étapes parcourues au moyen de « plongées » obliques descendantes.

Le modèle 26, non le plus puissant, mais l'un des plus sûrement équilibrés de nos appareils à palettes-ailes clapetées, nous l'avons essayé en « réduit ». Il obtient l'ascension au moyen de huit ailes triangulaires qui battent à l'amplitude d'un tiers de circonférence environ.

Le croquis (p. 59) ne laisse apercevoir que les quatre ailes d'avant, celles battant du côté où on regarde le dessin; les quatre autres ailes d'arrière sont omises au dessin afin de le laisser plus clair.

Un châssis central vertical, à trois traverses horizontales, forme le corps de soutien général de l'appareil et pend au-dessous du parachute où il s'attache, le parachute posé sur l'air horizontalement en haut.

A la partie inférieure du châssis central pendentif est fixée la nacelle, enceinte de filet (que nous avons montré scindée en deux, pour clarté, mais qui est enceinte continue) à plancher à clairevoie.

Deux moteurs dans la nacelle.

A droite de la nacelle, une hélice propulsive; un gouvernail horizontal dit « de profondeur »; à gauche de la nacelle, un gouvernail vertical de direction.

Au-dessous de la nacelle, un trépied, consolidé

par câbles, et trois roulettes (ou des « sabots » de bois) sur lesquelles l'appareil repose à terre et se pose lors de l'atterrissage.

Le dispositif mécanique est composé, d'abord,

AÉRONEF A PARACHUTE, MODÈLE 26

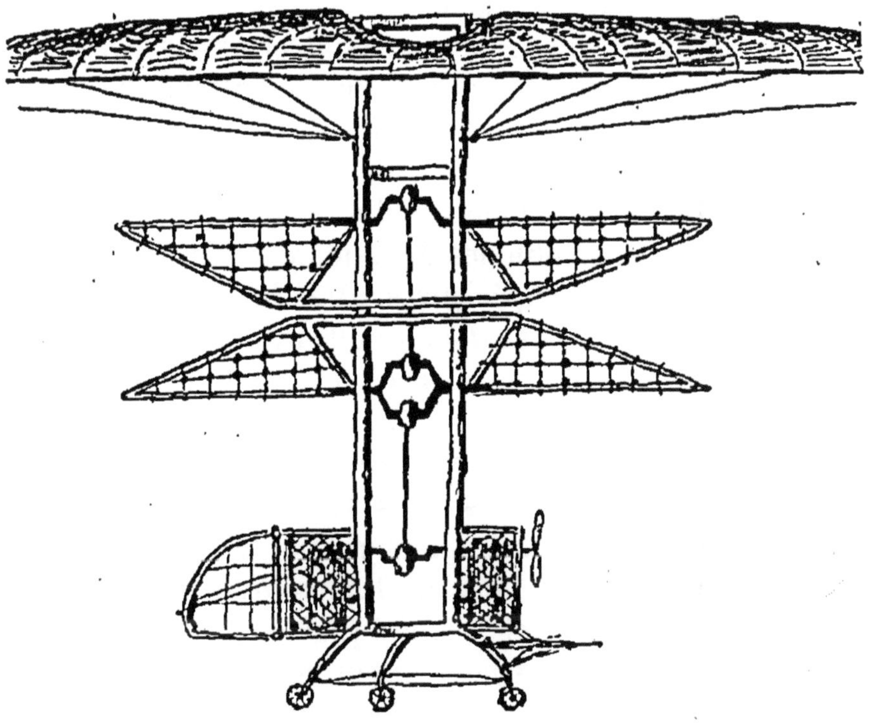

Élévation verticale obtenue orthogonalement par la pesée sur l'air de huit ailes triangulaires, dont quatre s'élèvent tandis que les quatre autres s'abaissent. Motion transmise par bielles. (Les quatre ailes d'arrière ne sont pas montrées au croquis.)

de deux bielles verticales communiquant, en haut, aux axes des ailes le mouvement de rotation de l'axe du moteur placé, en bas, dans la nacelle.

Ce dispositif produit :

1° Le « battement » des ailes au lieu de leur rotation entière, parce que la manivelle de l'axe du moteur est moins large que les manivelles des axes des ailes. De la sorte, l'axe du moteur tourne à rotation entière et continuelle, et il ne communique, par la traction de la bielle qui joint sa manivelle à celle de la première paire d'ailes d'avant, qu'un abaissement et une relevée de l'aile du même côté, c'est-à-dire le battement;

2° Le battement voulu des ailes supérieures en sens contraire à celui des ailes inférieures. En effet une seconde bielle verticale (la plus haute) joint ensemble les deux manivelles des ailes inférieures et supérieures. Mais la manivelle des ailes inférieures est *double*; elle a, dans le même plan, une boucle inférieure et une boucle supérieure (voir le croquis, p. 59) et c'est à la boucle supérieure que tient par anneau la bielle la joignant à la manivelle des ailes supérieures. Dès lors, la traction de cette bielle fait se relever les ailes supérieures, dans le temps que les inférieures s'abaissent, et réciproquement, pourvu que la manivelle des ailes supérieures soit tenue (par la bielle) inclinée à l'arrière tandis que la manivelle des ailes inférieures est inclinée à l'avant[1].

Le mouvement inverse des ailes d'en bas et d'en haut, ainsi obtenu, donne la pesée sur l'air continuelle.

---

[1]. Ces indications explicatives supposent le mécanisme arrêté, momentanément, dans la position figurée au croquis page 59 et l'axe du moteur, en bas, est supposé en rotation dextre.

Derrière le châssis vertical se trouvent, avons-nous déjà dit, quatre autres ailes symétriques, égales et identiques aux quatre ailes d'avant que le dessin montre seules. Elles sont mues, ces palettes d'arrière, par motion transmise, au moyen de bielles de jonction avec leurs sœurs d'avant, ou par bielles personnelles.

La construction de la machine montable réclamera un changement de placement de l'hélice : elle serait reportée au centre du cadre de soutien, à droite, à égale distance des quatre ailes d'en bas et d'en haut, où, de faibles dimensions, elle aurait espace suffisant à la rotation, les ailes ne s'abaissant et ne s'élevant pas assez pour faire obstruction.

Pour le 26[1], de même que chez presque tous nos modèles à palettes-ailes (écrans mus autres que les parachutes) ou à aubes à rotation entière et virages des palettes, l'aspect général est uniforme et à peu près aussi la disposition :

En haut, horizontal, le parachute-parasol horizontal (nous l'allons décrire) joint par un mât (ou un cadre de soutien des divers agents) à la nacelle, cylindre de filet qui contient aviateur et moteurs, provisions, etc.

Les appareils nôtres affectent donc forcément une forme cryptogamique ou de parasol.

Invariablement, au dessous de la nacelle, *le pied d'atterrissage*, c'est à dire trois traverses courbes

---

1. Il ne constitue pas autre chose que la mise en œuvre pratique et rigoureuse de l' « oiseau artificiel » rudimentaire montré page 35.

disposées en trépied et jointes par cables. En vue
du glissement, à l'extrémité de ces trois pieds, des
« sabots », roulettes ou ampoules de caoutchouc.

Nous avons adopté, en vue de la plus grande
légèreté possible, un parachute hexagone constitué
uniquement, comme charpente, de trois baguettes

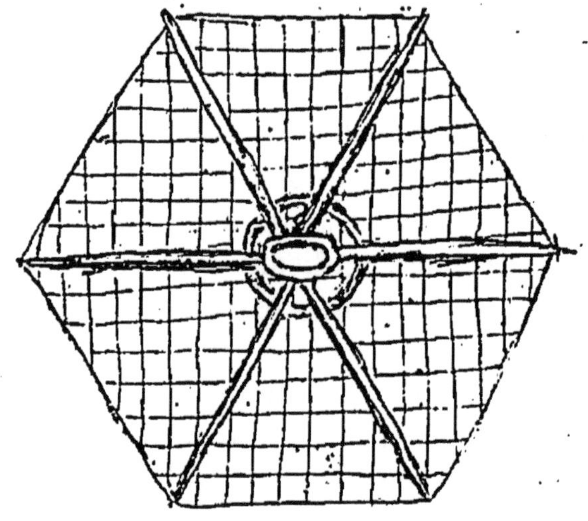

PARACHUTE FIXE EN FILET, CLAPETÉ, VU D'EN HAUT
(celui de tous nos appareils à parachute fixe).

croisées en leur centre. Le filet s'y attache sans
côtés de châssis. Sous les baguettes (des tubulures)
sont serrés sur chevalets des cables destinés à soli-
difier en dessous les baguettes courbes qui pèsent
sur l'air. Nos aubes à palettes clapetées sont soli-
difiées de même[1] par cables sur chevalet et du
côté utile à la résistance. Et, comme nos hélices,
ces aubes, sujettes à rupture, sont ceinturées de

1. Voir un modèle d'aube à palette à la planche page 72.

câbles ou, quand elles sont à 3 ou 4 branches, jointes par câbles [1].

Ce qui varie, en nos modèles divers, ces invariables parasols debout, ce sont les dispositifs, la forme des cadres d'attache, les modes d'attaches, le choix des mouvements, le système de mise en rotation ou de battement des palettes élévatoires et propulsives toujours placées au-dessus de la nacelle, entre elles et le parachute, ce qui est la condition de l'équilibre.

Quelquefois, pourtant, l'axe de nos aubes est situé à affleurement du parachute lui-même dès lors « troué » en conséquence au centre. C'est le cas du type n° 24 placé au frontispice de cet exposé, page 6.

Ce 24 possède une aube à quatre palettes et à rotation entière, ce qui suppose et nécessite des manches de palettes insérés en tubes et virant au moment utile pour laisser vides de clapets les mailles des filets quand, remontant à l'arrière, les palettes, autrement, pèseraient sur l'air, de *bas en haut*, action précipitante. Au modèle 24 (voir page 6), les manches des palettes plongent dans la boule-moyeu emplie d'huile pour le refroidissage,

1. C'est vraiment une navrante et inconcevable incurie qui nous impose le spectacle douloureux de désastres pareils à celui du *République*. L'imprudence est inexplicable d'avoir confié un pareil vaisseau et des vies humaines à une hélice *en acier* non consolidée, retenue. Le cerclage ou l'attache de câble (qui ne nuit en rien au fonctionnement des hélices) s'impose comme une notion élémentaire alors qu'on connaît si bien et depuis si longtemps, dans la marine par exemple, la fragilité de l'acier, spéciale, due, probablement à une polarisation très inhomogène du métal.

et y sont soumises à un mécanisme de retournement automatique. On peut éviter le poids de surcroît de ce mécanisme, au moyen de potences tendues par le cadre en forme de lyre, ou d'amphore, potences qui, présentant au passage de chaque palette une denture s'engrenant, opère le virage. Toutefois, ce mode de virage produirait un tapage de forge continuel assourdissant... et le mécanisme intérieur au moyeu-bouteille d'huile est muet.

Le type 24 (l'Ombrelle) (croquis, p. 6) peut, en variant, être construit à motion de palettes-ailes donnant seulement le battement du tiers de circonférence; alors il exige l'adjonction d'une hélice propulsive et il n'est capable que d'une vitesse modérée.

Notre aéronef modèle 24, de forme élégante, peut être construite de grandeur relativement médiocre, et, surtout à aube et retournement, dispose d'une propulsion puissante. Nous la voyons « la voiture aérienne » de plaisir, de promenade, d'un usage commun, et de prix de revient abordable.

Le 24 n'est d'ailleurs que la réduction de notre plus puissante machine élévatoire et propulsive, le type 22 (planche, page 72), à trois aubes et 12 palettes, qui serait capable d'ascensionner des bœufs et d'une fantastique rapidité de marche. C'est le grand aigle de nos appareils, un aigle circulant beaucoup plus vite qu'aucun aigle rapace à large envergure. Le dessin de cet appareil (plus démesurément grossi et hors de proportions que les autres croquis, mais montrant clairement toutes dispositions de la machine) dispense de la décrire.

Ce véhicule aérien, établi pour pouvoir porter en le même voyage des groupes de voyageurs assez nombreux, est de ceux qui sont destinés à mettre fin à l'exploitation des chemins de fer, sauf pour le transit des gros matériaux. L'existence des railways, ces invraisemblables et prétendues modernes catapultes asiatiques ou romaines, à ferrailles secouées, chaînes mastodontesques et monstres apocalyptiques vomisseurs de fumées sordides, l'existence des chemins de fer, en tant que transport des voyageurs, est, d'ailleurs, en tous cas, menacée à bref délai, et non pas seulement par l'aviation.

Le dernier étudié et établi de nos « sans-chûte », le modèle 28, se réduit, comme constitution et construction, à un champignon ou parasol presque nu, plutôt à une tente-rotonde à mât central. Rien de plus rudimentaire que ce « champignon » élevé et propulsé par une succession de palettes se surplombant, en battement du même côté du mât. (Voir petit croquis page 78). Le mât en ressemble à un mille-pattes qui serait rigide, les pattes, des écrans-ailes, ces ailes remontant par poids opposés ou par ressorts.

On pourra réaliser cette aéronef populaire brutalement conçue et construite à très bon compte ; mais les voyageurs y seront secoués et balancés terriblement, car, plus qu'en aucun autre type et plus constamment, le mât, et par conséquent la nacelle, s'éloigneront de la position idéale des pendentifs : de la verticale. Et la manœuvre de certain *fléau d'équilibrage*, qui sert à régler la marche paisible de nos machines voyageuses de l'espace, restera, sur le 28, inefficace.

Même en courbant les mâts à l'arrière et en chargeant, dans la nacelle, le lest réparti le plus possible à droite et à l'avant (sous la ligne verticale des palettes), l'action des pesées uni-latérales produira et reproduira incessamment des secousses et des balancements du pendule; et aussi bien par les temps calmes. Par contre la marche sera très rapide; on peut faire très nombreuses à volonté les palettes propulsives, en même temps élévatoires. Discutant la question des dangers du vent, nous avons choisi ce type 28, le montrant chassé devant la bourrasque (page 78), précisément parce qu'il est le moins stable.

Nous ne souhaiterions pas la réalisation de beaucoup d'aéronefs nôtres, viables cependant, mais compliquées, portant des numéros que nous n'avons pas mentionnés ici. Nous laisserions même dormir sur le papier jaunissant, en nos tiroirs, une machine volante dont le très curieux organisme mécanique nous coûta de longs mois d'étude et de besogne persévérantes, le modèle 17, c'est-à-dire, sous parachute fixe, une manière de lépidoptère-sphinx vibrant, à quatre grandes ailes centrales, propulsé par une aube latérale.

Un mot ici à propos de l'hélice d'aviation, engin redoutable. Chez nous, l'hélice, accidentelle, n'a qu'un rôle de propulsion; elle sera de faibles dimensions le plus souvent.

L'hélice, usuelle dans la marine, est toujours fort chanceuse dès qu'on prétend l'employer dans l'air homogène, à l'état libre, et non plus sous la surface de l'eau, fixée à un plan flottant qui assure et maintient la direction horizontale. Dans l'aéroplane, la direction à peu près horizontale visée de l'hélice est obtenue (en général) par la rigidité du plan auquel est fixée l'hélice, ce plan étant en équilibre en l'air un peu comme le fond d'un bateau plat le serait sur l'eau. Mais, dès que cet « appui » du plan disparaît, l'hélice faisant tête *n'a plus aucune direction*; elle devient folle. Et beaucoup des terribles chutes d'aéroplanes dites « en cheminée » (l'appareil piquant comme cerf-volant, hélice en avant, queue en l'air, selon la verticale) doivent être attribuées à une traction de l'hélice, devenue, pour quelque cause, défectueuse.

Nous avons construit (nous n'avons pas été seul à avoir cette idée) un gyroplane fait d'un cerf-volant[1] sans ficelle au sommet duquel nous fixâmes, sur axe vertical, une hélice. Lors des essais, l'hélice dirigée vers le zénith, nous lâchames le caoutchouc moteur. Il semblerait que l'hélice dût s'élever en ligne droite perpendiculaire, emportant son poids. Il n'en est rien : l'hélice, folle, oblique immédiatement (le plus mince écart d'angle suffit), décrit parabole et pique en cerf-volant.

Cent fois, en aviation, est préférable à l'hélice, l'aube, à palette virante pour les rotations entières,

---

1. Un cerf-volant placé verticalement afin que l'opposition de l'air empêchât que ce fût, au lieu de l'hélice, l'appareil qui se mît à tourner, sous l'action du moteur, le moteur, dans l'espèce, une longue baguette entourée de caoutchouc serré en spirale.

ou à battements contraires de 1/3 de circonférence. Ce sont des aubes qu'a choisies, avant nous, Henson, pour l'aéroplane. Si, ce qu'à Dieu ne plaise, nous construisions encore des aéroplanes, nous les ferions, à aubes et non à hélices, beaucoup moins dangereux. On nous a montré, récemment, un projet d'appareil (idée d'un mécanicien amateur, irréalisable pour diverses raisons) où la motion ascensionnelle se voulait confiée à des palettes d'aube, sans clapets, mais *à virages*, les palettes-ailes présentent la tranche verticale pour couper l'air à l'arrière, et la lame en plan horizontal, pour peser à l'avant. Ce serait déjà un mode topique et nous l'emploierons peut-être pour les machines de route où les clapets seraient de toile et dont l'agitation, même en plein air, pourrait produire incendie aux pliures, si on omettait le mouillage.

# VI

## Objections. — Opposition à nos projets.

Au cours des presque innombrables démarches par nous tentées depuis des années afin d'obtenir l'examen, la construction de l'un de nos modèles, nous avons rencontré closes, la plupart du temps, portes et oreilles, intelligence et bonne volonté absentes, chez ceux qui possèdent moyens ou situation d'aider à la réalisation de l'aviation immunisée du péril, surtout chez ceux que cela concerne expressément. Toutefois, de ceux qui ne pouvaient rien, nous avons reçu quelques marques de sympathie, des lettres, des visites d'amis, et des demandes d'explications de la part des rares qui ont publié, imprimé, au sujet de nos aéronefs.

Il nous a été formulé des objections qui, la plupart, prévues de nous, sont examinées à notre traité général. Nous n'attendions pas celle-ci :

— « Quelle raison y a-t-il pour que vos appareils se tiennent debout dans l'air comme, sur une tablette, des chandeliers coiffés de larges éteignoirs? »

Cette question, d'un journaliste, ainsi « rédigée », nous a amusé.

Nous savons fort bien que nos champignons ou parasols, à mâts-pendentifs et nacelle au bout, verront ces mâts s'écarter de la verticale sans cesse ; mais ce sera pour revenir constamment à la verticalité ; ce seront des oscillations, faibles en général. Un grand nombre de causes à ces écarts, outre le vent : l'action des palettes en pesée sur l'air, même nos mâts ou cadres de soutien étant courbes à l'arrière ; les inclinaisons du parasol ; la traction des hélices ; la position plus ou moins élevée, pendant leur mouvement, des parachutes au-dessus du centre de gravité de l'appareil ; les mouvements et déplacements, dans la nacelle, du lest vivant que représente l'aviateur ; l'action du gouvernail (en toile tendue, sans clapets) et des gouvernails, etc. ; tout cela est de nature à produire des oscillations du mât ou cadre de soutien. Mais j'entendis que les craintes de mon aimable interpellateur étaient plus graves, plus de *principe* : il se demandait comment et pourquoi le parachute, relativement et autant que possible léger, mais représentant cependant un poids sérieux étant donnée sa largeur nécessaire, resterait en haut, à peu près horizontal, sans choir à droite ni à gauche, à côté de la nacelle ou même au-dessous. Ce danger lui paraissait d'autant plus à appréhender que le parachute est tendu seulement d'un filet.

A cela il y a à répondre :

Le parachute, à tous les mouvements de sa tenue

en l'air, doit être soit en état de descente, soit en montée, soit stationnaire.

S'il descend, c'est, d'abord, à clapets fermés, un plan équivalent à son pareil « tendu » d'étoffe; et, alors, tiré en bas par le poids du pendentif et subissant en dessous de sa calotte la résistance de l'air, il ne saurait occuper d'autre position que celle debout, le pendentif sensiblement vertical au-dessous de lui.

Si la motion des palettes est en train d'obtenir du parachute, placé au-dessus des palettes, qu'il s'élève, c'est à clapets ouverts et, en effet, en cet état, nul appui sur l'air n'existe en ce moment pour la surface de la calotte. C'est dans ce cas qu'on peut le mieux supposer possible et même inévitable la chute de côté de cette calotte non soutenue par l'air. Nous faisons remarquer, en premier lieu qu'à la moindre velléité d'inclinaison de la calotte, celle-ci, étant garnie de clapets même sur ses bords, redeviendra tenture d'étoffe, plan continu, par le relèvement des clapets qu'opère tout commence-ment de chute. Et, aussitôt commencée, la « chute de côté de la calotte s'interrompra, la résistance de l'air intervenant, l'appui de la surface renaissant.

Mais en l'absence même de cette reprise d'appui sur l'air, qui serait immédiate, le parasol-para-chute, même restant à mailles vides, *ne peut tomber*; il lui faut rester « chandelier debout. » En effet, s'il s'agit de nos appareils de la 1<sup>re</sup> classe, à double parachute mû, l'un des parachutes est tou-jours en pesée sur l'air, clapets clos, quand l'autre monte à clapets vides, et celui qui foule

AÉRONEF A PARACHUTE, MODÈLE 22.

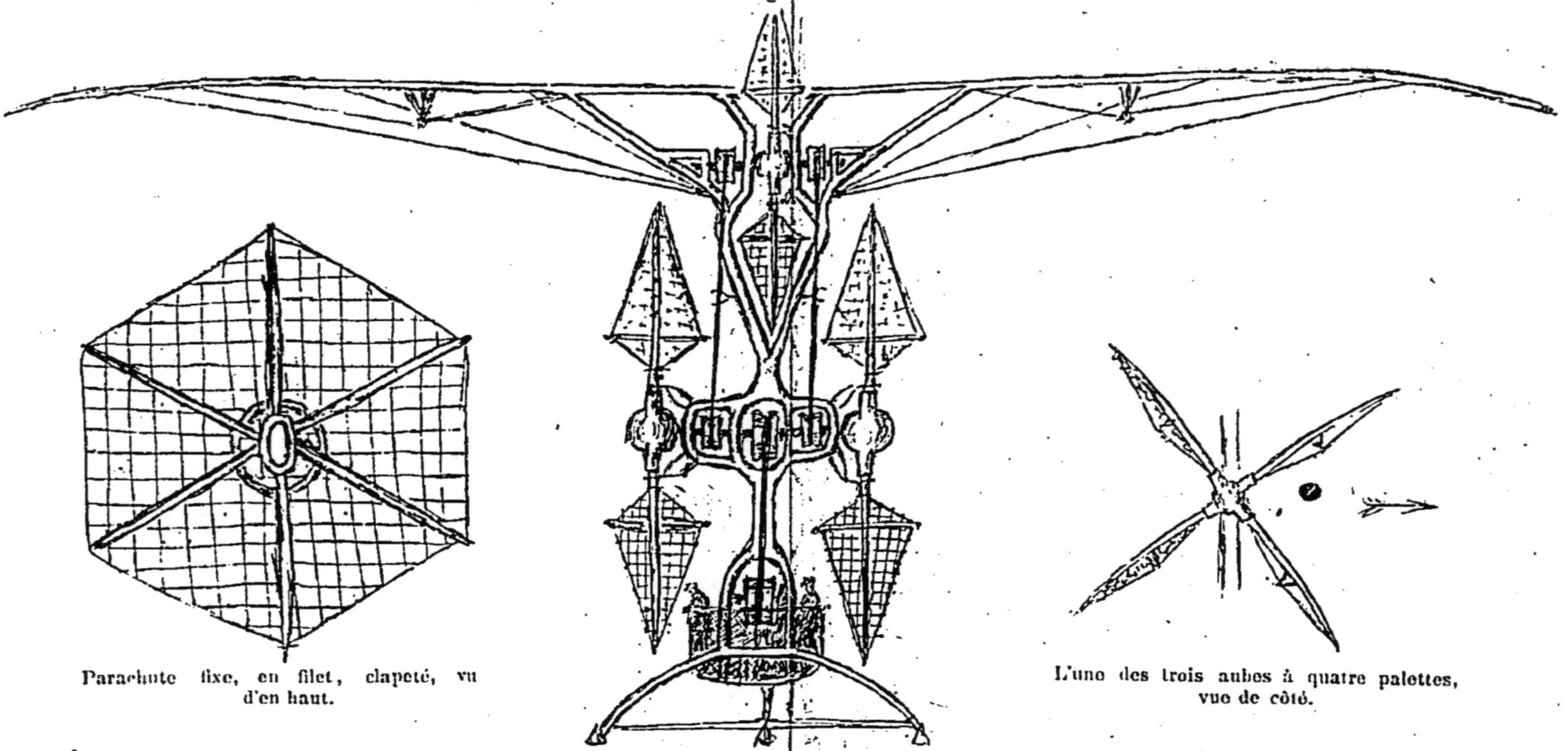

Parachute fixe, en filet, clapeté, vu
d'en haut.

L'une des trois aubes à quatre palettes,
vue de côté.

Motion ascensionnelle et propulsion obtenues par trois aubes à quatre palettes. Les gouvernails ne sont pas montrés à ce croquis,
ni les guérites garant de la ventilation.

l'air constitue un point d'appui fixe pour l'autre parachute, que ce soit celui de dessus, ou celui de dessous. L'un des deux parachutes *tire en haut* le poids du pendentif, sans cesse, et par conséquent le mât demeure nécessairement vertical à peu près. (Voir croquis du type 4, page 45.)

Il en va de même, s'il s'agit de notre seconde classe d'aéronefs et d'un seul parachute fixe au sommet, car l'action en pesée sur l'air des palettes, toujours placées très au-dessous de la nacelle (poids extrême au bas du pendule, avec moteur et aviateur), l'action de la pesée sur l'air des palettes attire encore en direction verticale ascendante le gros poids de la nacelle et détermine donc deux points par où la ligne droite du mât est forcée de passer. Donc c'est encore à attendre avec certitude pour le mât la direction du fil à plomb, par suite le maintien en position horizontale de la calotte fixée au sommet du mât et maintenue, par câbles, perpendiculaire à ce mât. L'appui des palettes sur l'air constitue un point d'appui fixe par rapport à la nacelle *qui est suspendue* à ces palettes et qui, en vertu de la pesanteur, *suit* ces palettes en dessous sur la verticale et maintient vertical le mât, horizontal son parasol.

Pour que le parasol pût s'abattre de côté (abstraction faite de tout relèvement des clapets), il faudrait que cette surface de filet fût lourde au point que le mât prît la position horizontale, comme un fléau de balance qui serait appuyé sur les palettes comme pivot, et qui se soulèverait du côté opposé au parasol avec au bout la nacelle, les moteur et l'aviateur moins lourds ensemble que le filet. Or, si l'un de nos appareils était équilibré assez mal pour admettre pour le filet-parachute un tel poids, cet appareil ne tomberait jamais par la raison qu'il n'aurait jamais pu être ascensionné si peu que ce fût.

Nos parasols à manches sont donc condamnés à se tenir debout... avec plus ou moins d'oscillations du pendule mât et nacelle.

Et, debout, même aux rares instants où l'appareil resterait sans montée ni descente, car (nous admettons les parachutes pour la sauvegarde), nos aéronefs à palettes s'élèvent à l'égal, et même mieux, *sans parachutes*. Les écrans-ailes en battement contraire, parasol supprimé, montent en l'air et entraînent au-dessous d'eux les nacelles; nous ne faisons que « planter » un champignon dans le dos de l'oiseau artificiel qui n'a nul besoin de parasol pour voler. Il ne faut pas planter un trop lourd parasol, évidemment, de peur, nous le répétons, non des chutes, mais des refus d'envol.

Autre objection, un directeur de périodique nous écrivit :

« — Ne craignez-vous pas que ces larges dômes superposés à vos mâts à pendentifs ne soient d'une avancée difficile, puisqu'ils s'opposent à l'air? »

Ces « dômes » s'y opposent très peu puisque, horizontaux, ils coupent l'air par la tranche. Et, d'ailleurs, nous faisons nos « calottes » très peu caves, non pas comme les parasols chinois qui ressemblent à de plates plaques de pâtissier, mais non éloignées de la surface plane.

L'objection la plus fréquente, c'est que, s'ils se conduisent heureusement en expériences de chambre fermée, nos appareils, construits en grand, lancés, seront livrés *au vent* et aux grands vents de l'espace libre.

Nous ne redoutons pas beaucoup, pour nos aéronefs à parachutes, les effets contraires du vent ordinaire, ni même les courants de souffles violents.

Un membre de l'aéro-club nous écrivit, grand amateur et admirateur des aéroplanes :

— « Avec vos grandes surfaces de parachutes où le vent s'engouffrera, vous ferez *panache*, vous tomberez même *en cheminée comme les camarades*! Et encore plus facilement que nos aéroplanes. »

« Tomber en cheminée » signifie, en langage d'aéroplaneur, la même chose à peu près, que « piquer une tête » en parlant d'un cerf-volant. Il s'agit d'une des chutes, usuelles, hélas! coutumières, de l'aéroplane : il tombe parfois, droit, verticalement, l'hélice en avant et la queue dressée.

Supposer que nos appareils à lourds pendentifs pourront prendre une telle position de par l'action de tel ou tel vent, est une hypothèse plus extraordinaire que d'imaginer un poussah qui se mettrait à se tenir sur la tête en tenant dressée en l'air sa panse ronde plombée.

La bourrasque?... D'abord, on n'est pas obligé de prendre envol en temps d'orage. Il est vrai, il y a les ouragans subits, non prévus, qui nous surprendraient en l'air. Supposons donc que nous sommes assaillis par l'orage, cela en cours de vol.

Dans ce cas, les vents orageux ne régnant que

dans les régions basses avoisinant la terre, il nous sera loisible, disposant de moyens d'élévation rapide, de sortir de la zone orageuse en la dominant; à partir d'une certaine altitude, il existe encore des courants, mais il n'y a plus ni ouragans ni conflits d'électricité, les nuages absents.

Nous n'en pouvons pas moins être soudain flagellés par les gros vents qui s'élèvent; nous nous sommes demandé ce que produirait un vent furieux frappant les cavités de nos parachutes *au-dessous* et *de côté*.

Y aura-t-il à craindre renversement, *panache?*

Ce n'est pas vraisemblablement possible. Une aéronef, plongée dans l'air, n'y a aucune attache ni *rétention*, n'oppose à la poussée du vent aucune résistance. Un courant de vent qui rencontre une aéronef en l'air y touche un objet presque insaisissable à cause de son extrême mobilité et de sa faculté de recul facile. L'appareil « fuira devant le temps » beaucoup plus aisément qu'un vaisseau de mer dont la quille est enfoncée dans l'eau la retenant, ce qui fait, cette rétention, se courber coque et mâts vers la vague. L'aéronef, elle, n'ayant affaire qu'à un seul élément, sera emportée par l'ouragan comme une plume libre, pourvu que le pilote aérien ne commette pas la folie de manœuvrer hélice ou aube à l'encontre du souffle.

Toutefois, il faut se demander *dans quelle position* fuira l'aéronef.

Peut-être nos parasols seront-ils chassés la calotte en avant très inclinée, le mât couché à l'arrière et devenu presque horizontal (p. 78).

En admettant que, libre en l'espace libre, notre appareil puisse jamais prendre une telle position, arriver à un tel soulèvement du poids de la nacelle, la situation de l'aviateur, inquiétante et incommode assurément, ne serait pas désespérée. Sauf bris de la nacelle, fracture essentielle du para-

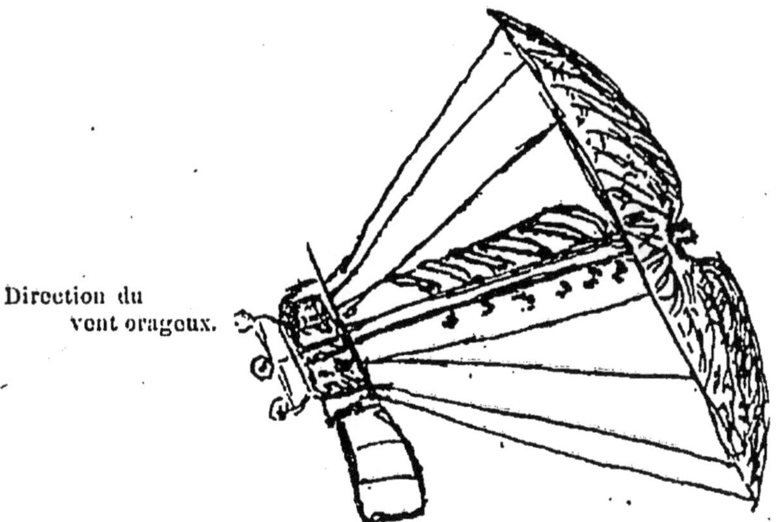


AÉRONEF MODÈLE 28 SURPRISE PAR L'OURAGAN.

chute, il ne peut se produire aucune chute, aucun « panache », aucune « cheminée ». Il est impossible que la lourde nacelle se soulève au-dessus de l'horizontale et, en plus, opère une rotation autour du parachute que rien ne tient fixe, au point de dominer ce parachute et de le précipiter. Il n'existe aucun agent, même venteux, pour opérer ce miracle; il y faudrait, et ce serait encore insuffisant, un souffle venant du zénith, ce qui n'existe pas.

Étudions en effet les divers vents existants et leur action possible sur nos parachutes.

Les vents, furieux ou non, ont forcément une direction soit horizontale, soit selon une oblique à l'horizontale, soit verticale ascendante.

Ces derniers, produits par des incidences et réflexions tourbillonnantes, l'air ayant été renvoyé par des obstacles où il s'était resserré, ces vents verticaux, dits *trombes*, et *vents-debout*, s'élèvent, il semblerait, de terre, et montent perpendiculairement.[1] Rencontrant un parachute, le vent debout en frapperait la cavité inférieure en en touchant également tous les points, ce serait le maintien de l'aéronef dans l'horizontalité de la calotte et dans la verticalité du mât, *rigoureusement*, avec l'apport d'un surcroît de force ascensionnelle. Notre sans-chute monterait en rapidité vertigineuse, ce qui ne présente aucun danger dans l'air libre.

Les courants exactement horizontaux, eux (et ils le sont presque tous à une certaine hauteur), souffleront sur le « coupant », qu'on nous passe le mot, de nos plaques horizontales en filet et toile, aidant à une avancée en fuite devant le souffle, puisque ce souffle atteindra en même temps la nacelle et toutes les surfaces du mécanisme entre la nacelle et la calotte. Cette fuite, à marche régulière, le parasol debout, sera encore sans péril.

Il reste à craindre les vents obliques, venant du sol, inhalés « de travers » par les gorges des collines et montagnes, les renvois en angles des

courants qui rencontrent obstacles à la surface du
sol. Ces vents obliques, nous les voyons, eux seuls,
efficients dans une certaine mesure contre l'équilibre des parachutes volants. En effet, la situation
de l'appareil ne sera pas menacée, il restera à peu
près vertical tant que le vent soufflant en ouragan
frappera *également* toutes les surfaces, et dans
toute leur étendue; l'inégalité de poussée ne se
peut produire qu'en raison de l'inégalité des
surfaces·atteintes. Or, cette inégalité résultera de
l'action des vents obliques ascendants, car ils frap-
peront nos parachutes en-dessous et *inégalement*,
la plus forte poussée portant sur l'hémicycle
opposé à l'attache centrale du mât; et c'est alors
que l'appareil pourra prendre une position inclinée
plus ou moins pareille à celle montrée page 78.

De là à un renversement, il y a toute l'impossibilité de faire tourner un poids lourd *autour d'un
axe non fixe* n'existant pas. Il se produira *chasse*,
courbure à l'arrière, non pas « panache ».

Le plus « soigné » des modèles-jouets que nous
ayons construits, lâché par nous, il y a quelques
années, de la terrasse assez élevée d'une maison,
son petit moteur chargé, s'envola par un temps de
de quasi-ouragan... et nous ne l'avons pas revu;
il a dû tomber sur quelque toit, pourrir au creux
d'un échenet quelconque. Nous avions voulu
observer, justement, l'effet de l'attaque du vent.
Sous la violence du souffle, le mât s'inclinait à
l'arrière, mais assez peu, car, tant que nous pûmes
distinguer l'objet qui filait en oblique ascendante,
la « plaque » du parasol-parachute (ce cercle)

nous apparut sous la forme ovale irrégulière, et peu large; et nous n'avons cessé que dans l'éloignement (des toits obstruant la vue) de distinguer, au-dessous de cet « ovale », la nacelle chargée de lest pour que le poids global du menu appareil équivalût, proportionnellement, à celui d'un grand « sans chute » monté.

Le poids du penditif s'opposera toujours à ce que, même sous la poussée du plus violent orage, le mât dépasse, courbé à l'arrière, l'horizontale : c'est la limite extrême, théorique. Et nous ne croyons même pas, qu'en fait, cette position puisse être jamais atteinte.

Les plus absolus et inattendus de nos opposants sont ceux qui, *a priori*, nient, même, que nos appareils à pesées puissent s'ascensionner, et qui refusent que nous leur démontrions le mouvement par le mouvement, l'ascension en leur montrant un appareil réduit qui s'élève. Et les « nieurs » de cette catégorie sont nombreux !...

Parmi les si multiples démarches infructueuses tentées en notre faveur, il en fut fait une, par un député de nos amis, qui porta confidentiellement l'un de nos exposés, avec croquis et description assez détaillée, à certain galant homme, grand patron officiel de l'aviation par aéroplanes, et frère d'un de nos ministres protecteur déclaré de l'aviation. Dans une lettre, jointe, nous offrions la démonstration par petit modèle, ce qui n'eût rien coûté à l'État, et demandions, pour expérience concluante, qu'on donnât à réaliser l'appareil en grand, sous notre surveillance, l'aéronef ainsi construite devant rester la propriété de l'État. Nous stipulions seulement que la première ascension, avec ce premier « sans chute », serait effectuée par nous pour traverser, par exemple, en très peu d'heures, la Méditerranée, de notre côte du Midi à Alger, avec escale ou non, à notre choix, à l'île Majorque.

Cette construction ne présentait pas une grosse dépense; néanmoins, nous demandions un peu davantage que Jules Maurat au gouvernement du siège pour mettre en communication Paris et la province. Notre requête fut repoussée comme celle de Maurat, mais non d'emblée : il y fallut un peu de temps. On consulta, sans doute, quelque ingénieur officiel, car nous reçûmes, un ou deux mois plus tard, certain rapport signé illisiblement. Le rapport concluait au rejet, au non essai. Ce jugement, ce si net verdict, était appuyé d'un seul considérant, assez développé, il est vrai : à savoir que, d'une façon générale, nul ne devait songer *à des appareils orthogonaux*, ni s'en occuper, parce que des maîtres théoriciens les avaient déclarés impossibles une fois pour toutes, le mode aéroplane seul admis, licite.

Nous connaissions de longue date cette affirmation des « maîtres », leurs théories, et les maîtres eux-mêmes : ce sont des aérostiers n'ayant en rien inventé l'aéroplane et profondément ignorants, davantage, en matière d'aéronefs à parachutes, surtout *à clapets*.

Ce que vaut cette condamnation, *ex cathedrâ*, on le voit de prime abord : elle nie l'envol de l'oiseau s'élevant du champ ou de la route. Ces messieurs interdisent à l'oiseau de voler, puisque, sans discussion même tentable, l'oiseau constitue un « plus lourd que l'air » *orthogonal*, cela, d'abord.

Pour ce qui était du *clapet*[1] nôtre, présenté comme moyen essentiel, il n'en est pas dit mot au rapport, et, pas davantage, de la pesée sur l'air continuelle que nous obtenons par battements simultanés en sens contraire. Ces deux principes, d'une importance déterminante en notre projet, son fond, sont passés sous silence en cet étrange rapport : l'ingénieur rapporteur n'avait évidemment pas même pris la peine de nous lire...

Nous avons démontré l'élévation orthogonale chapitre IV. On y voit qu'il était impossible que nos « sans chute » orthogonaux (si on les construit équilibrés) ne s'élevassent pas. Ils s'élèveraient (comme nous le disons page 48 à propos du type n° 18), même énormes.

On nous a opposé, encore, que nos motions orthogonales de palettes ou, directement, de parachutes, exigeraient l'emploi de moteurs très puissants, donc fort lourds. Cela est vrai. Qu'importe? Les moteurs, c'est la force F, forcément victorieuse de F''; et, nous pourrons toujours étendre les surfaces pesant sur l'air dans la proportion nécessaire pour ascensionner un moteur, si lourd qu'il soit nécessaire[2].

---

1. Dont il n'était pas question quand les « théoriciens » voulurent proscrire les orthogonaux.

2. Et la science des moteurs légers est loin d'avoir dit son dernier mot. Nous en avons établi (rencontrant la même

On nous a objecté, encore, qu'il nous serait impossible de construire « nos monstres si étendus » suffisamment solides. Cela est faux. On peut toujours construire assez solidement en vue d'une résistance calculée, donnée, de quelque machine qu'il s'agisse. Tels de nos appareils d'essai constitué de misérables matériaux d'osier, de liège, d'infimes planchettes en bois du Nord, résistent, fonctionnant, à l'action de caoutchoucs enroulés, fils pleins, carrés, de deux tiers de centimètre d'épaisseur. Si on calcule la puissance d'attaque, la force représentée par les tensions de ces épais caoutchoucs, qui, pourtant, ne disloquent pas nos assemblages si fragiles, cette force est proportionnellement beaucoup plus considérable que celle mise en œuvre contre les tubulures d'aluminium, très résistantes, qui seraient d'un emploi continuel pour la construction de nos grands modèles d'autre part consolidés par cables adjoints et chevalets serrés, partout où ils ont à opposer résistance[1].

Certains de nos correspondants se montrent effrayés des proportions vastes qui seront nécessairement à donner aux parachutes en vue du « parachutage lent » du poids que représentent un

impossibilité de les réaliser) qui produisent la force *presque sans récipients*, donc d'une légèreté relativement très grande. Par malheur, ces moteurs inédits nécessitent une coûteuse dépense de combustible.

1. Nous prévoyons l'usage fréquent (non pour tout) de l'aluminium; mais on peut créer des alliages de métaux (et on les crée déjà) plus légers et plus résistants que l'aluminium. C'est là un champ ouvert à l'industrie de la construction des aéronefs, industrie qui prendra un développement extrêmement important du jour au lendemain.

aviateur, un moteur, les appareils d'ensemble, agents, mât, cadre, etc.

La proportion est loi connue, de la surface nécessaire, dans le parachute, pour procurer descente lente à un poids donné. Nos parachutes, grands, (non immenses) auront l'étendue nécessaire. Quand, avant les steamers, la marine s'est trouvée aux prises avec la construction des grands voiliers, on n'a pas reculé devant l'érection des mâts gigantesques que l'on sait, de véritables poutres très élevées, et on les a garnies de voiles mesurant le nombre considérable de mètres carrés appropriés. Il n'y a pas lieu de se montrer pusillanime en matière de navigation aérienne exigeant des nefs plus ou moins volumineuses ou étendues.

Au surplus, certains de nos modèles fourniront à leurs aviateurs un moyen de voyager avec des parachutes de dimensions fort restreintes, et voici comment :

Le parachute, dans l'aéronef nôtre, représente un élément de marche en même temps qu'une éventuelle sauvegarde : une chaloupe en cas de naufrage. Mais le parachutage peut s'opérer *très faible* si on continue, en le diminuant d'action, progressivement, à garder le mouvement du moteur. C'est même de cette manière que manœuvreront nos aviateurs pour « se poser » doucement au sol en tendant, à l'imitation de l'oiseau, leurs « pattes », c'est-à-dire les trois pieds d'atterrissage. Un parachute propre à assurer la descente lente, à lui seul, d'un appareil, n'est nécessaire qu'en cas d'accident survenant au moteur, de son refus quelconque de service. Cet accident sera rare plus ou moins.

Ce fait posé, nous avons fixé (pour plusieurs de nos types) le moteur au plancher de la nacelle de telle façon, à serrage desserrable très rapidement, que, en cas d'accident, le moteur filerait par une trappe pratiquée au fond de la nacelle, cela en un instant, débarquant ainsi un lest tel que le parachute restreint resterait suffisant pour le demeurant du poids global de l'appareil. Il y faudrait seulement deux mouvements : le desserrage, et l'éviction d'un anneau passé en bielle à l'origine de la motion. Pourvu que nous voyagions à une certaine hauteur (et il sera toujours préférable, pour mille motifs, de prendre hauteur), le temps nous sera donné pour opérer ce sabordage de salut extrême.

Cette faculté d'allègement, nous y songeons pour nous permettre des constructions de petits appareils ; pour toutes aéronefs d'usage public et sérieux, rémunérateur de son prix de revient, nous n'admettrons que les grands parachutes nécessaires à la préservation de l'appareil total, quelle que soit la largeur exigée de ce parachute, sans « sabordage » du moteur.

C'est bien réellement l'aviation immunisée du danger que nous apportons, déjà notablement étudiée et tout l'essentiel prévu [1].

---

[1]. Si l'on veut absolument conserver l'aéroplane, le soustraire à son destin, qui sera de servir à des exhibitions de fête, ou foraines, à risques sanglants comme les autres acrobaties, qu'on veuille bien nous confier un mono-plan ordinaire. Nous le transformerons quelque peu et *nous le munirons d'un parachute* à clapets, avec lequel il lui sera impossible de tomber ni « en cheminée », ni autrement, sauf en lenteur.

On ne saurait prétendre sérieusement que nous ayons (sauf fracture) à redouter une chute réelle de, par exemple, nos aéronefs n° 26 (p. 59) établies en équilibre sur l'air par trois plans larges, outre la grande surface du parachute surmontant. Ce « sans-chute » orthogonal représente en même temps, bel et bien, un aéroplane [1] à quatre plans, en comptant la faible surface inférieure du plancher à claire-voie de la nacelle. Les quatre ailes inférieures et les quatre supérieures, que, de la nacelle, l'aviateur possède les moyens d'arrêter en position horizontale, fournissent en réalité, deux parachutes égaux très moindres que la calotte officielle surmontante, mais offrant déjà au planage des surfaces étendues dont la coopération en vue de la descente lente n'est pas méprisable, en les supposant arrêtés pour cause de « panne » du moteur. Le 26 nous déposera assurément sans dommage à terre. Et d'autres.

Les aéronefs à parachutes n'ont à redouter, en fait d'accidents, que la brisure en l'air d'appareils mal édifiés, insuffisamment solides; mais les « dérangements » si funéraires et nombreux avec l'aéroplane, ne nous exposeront qu'à la descente lente forcée, avec innocuité.

Des manœuvres fausses, imprudentes, pourront, au départ, nous jeter contre des obstacles, des arbres, nous faire dépecer par heurts aux fils télégraphiques; nous pourrons descendre, forcément,

---

1. Au point de vue du « planage » seulement, puisque l'appareil ne s'élève pas par traction latérale.

en forêt, ou sur l'eau, la provision de combustible épuisée. Ce seront là des malheurs accidentels, rares, comme il s'en produit en bateau ou en chemin de fer, et non plus la terrible norme inévitable de la mort par chute que nécessite l'aéroplane.

Un péril, celui-là inévitable, ce sera la foudre. Aérostiers ou aviateurs de tous modes, se trouvent les points les plus élevés, les plus voisins des nuées chargées d'électricité. A cela, rien à faire que d'éviter la sortie par temps orageux, et surtout, de circuler *en hauteur* suffisante pour ne pas rester dans les régions nuageuses, pour les dominer.

Étant donné l'importance de ce que nous offrons, de l'aviation sans péril, le fait que nous ne parvenons pas à nous faire entendre, à obtenir une construction qui représente un si petit risque d'argent, ce fait nous serait un sujet de stupéfaction si nous ne connaissions pas la puissance de la routine; nous estimerions incroyable notre total insuccès, sans essai, et faute d'essai.

Nous nous heurtons, bizarrement, nous le comprenons, à une légende déjà établie, à une sorte de culte admiratif qui entoure l'aéroplane. En prétendant porter la main sur l'aéroplane meurtrier et lui substituer des modes moins désastreux, nous commettons aujourd'hui comme un crime de lèse-majesté et même un sacrilège. L'aéroplane est devenu divin, et la vénération des fidèles de ce dieu n'est ni détournable ni tolérante.

Une certaine hilarité nous fut apportée, à nous l'auteur premier de l'aéroplane, par la lettre d'un clubman, à qui nous avions demandé son aide auprès de ses relations, et qui nous dépêcha une réponse véritablement indignée : « Les hommes étant parvenus à quelque chose d'aussi beau que l'aviation actuelle, on ne doit pas y toucher! »...

Il faut le dire aussi : beaucoup de refus par nous essuyés proviennent, de la part surtout de constructeurs, surtout, de ce que des intérêts pécuniers considérables se trouvent engagés dans « l'affaire » de l'aéroplane, en vue de son adoption publique. Ces fonds sont déjà fort compromis par suite de la non adhésion de la masse. « Il n'y a pas lieu », peuvent penser les engagés, « d'aider à rendre inutiles, par l'adoption d'une aviation nouvelle, tant de marchandises « aéroplanes » qui nous restent en magasins. »

Le *statu quo* sans essais de nos « sans-chute », si singulier, quand même, en ce temps d'aviation à outrance, se prolongera-t-il?

En attendant, nous nous demandons avec curiosité, et même non sans un spécial sourire, si notre époque restera sourde indéfiniment à notre appel, et si nous disparaîtrons de ce monde, dont l'air se veut peuplé de voyageurs humains, avant d'avoir obtenu qu'on nous écoute, même notre nom dépouillé, comme nous le sommes déjà des profits éventuels, de l'honneur de nos découvertes.

Février 1912.

www.ingramcontent.com/pod-product-compliance
Ingram Content Group UK Ltd.
Pitfield, Milton Keynes, MK11 3LW, UK
UKHW020931120726
13693UKWH00003B/1252